谨以此书献给——
光荣的地质队员和
牺牲在山野的无名队友！

仁者乐山。　　　　　　　——孔子

天地有正气，杂然赋流形。
下则为河岳，上则为日星。
　　　　　　　　　——文天祥

山随平野尽，江入大荒流。
　　　　　　　　　——李白

刘兴诗

—— 著 ——

刘兴诗爷爷讲地球

神奇的古生物

上册

长江出版传媒 | 长江文艺出版社

图书在版编目（CIP）数据

神奇的古生物：全二册 / 刘兴诗著. -- 武汉：长
江文艺出版社，2023.10
　　（刘兴诗爷爷讲地球）
　　ISBN 978-7-5702-3138-6

　　Ⅰ.①神… Ⅱ.①刘… Ⅲ.①古生物—少儿读物
Ⅳ.①Q91-49

　　中国国家版本馆 CIP 数据核字(2023)第 091027 号

神奇的古生物：全二册
SHENQI DE GUSHENGWU : QUAN ER CE

责任编辑：钱梦洁　　　　　　　　责任校对：毛季慧
设计制作：格林图书　　　　　　　责任印制：邱　莉　胡丽平

出版：长江出版传媒　长江文艺出版社
地址：武汉市雄楚大街 268 号　　　　邮编：430070
发行：长江文艺出版社
http://www.cjlap.com
印刷：湖北新华印务有限公司

开本：720 毫米×1000 毫米　　　1/16　　印张：13.75
版次：2023 年 10 月第 1 版　　　　　2023 年 10 月第 1 次印刷
字数：154 千字

定价：56.00 元（全二册）

目录

上篇
生命从海洋开始

恐龙时代

生命从海洋开始

生命从哪里来?

是陆地还是海洋?

地球上最早的居民是谁?

是恐龙还是三叶虫?

是有孔虫还是布鲁克斯水母?

生命来自海洋,最早的生命距今至

少 36 亿年……

第一章
最古老的地球"居民"

名称：布鲁克斯水母

地质时代：元古代末期至古生代奥陶纪

喂，朋友，你能告诉我，地球上最早的"居民"是谁？

是恐龙吗？

是始祖鸟吗？

不，都不是的。它们虽然生活在遥远的古代，却还是动物界的晚辈，没有资格获得这样的殊荣。

是5亿年前大海的主人、盛极一时的三叶虫吗？

不，也不是的。那时候世界大洋里的"居民"已经很多了，它也配不上是最早的生命的先驱。

人们对探索最古老的生命产生了兴趣，许多科学家进行了专门研究，希望能够把"生命之源"的桂冠奉献给真正最早出现的动物。

一位加拿大教授说，他在北冰洋地区的古老岩层中发现了一种海绵动物的化石，距今 20 亿年，应该算是最早的动物了。可惜经过了漫长的岁月，遗迹受到破坏，只有一些形影，是不是真正的动物化石，一时还说不清呢。

另一位加拿大科学家说，他在 8 亿至 13 亿年前的岩石中发现了有孔虫的化石。可是经过仔细研究后证明，那只是一种矿物的同心圆状的花纹。他的期望落空了。

1947 年，机会终于来了。有一位名叫斯普里格的科学家，在澳大利亚南部的埃迪卡拉山区，发现了许多古代海生动物化石。后来的科学家在这里继续研究，总共发现了 2000 多个生物遗体。其中 67% 是腔肠动物，25% 是环节动物，5% 是节肢动物，还有一

埃迪卡拉动物群

些其他动物。人们测定了它们的年龄，距今 6 亿至 7 亿年，相当于元古代晚期的震旦纪。1960 年第 22 届国际地质会议正式把这个古老的动物群命名为埃迪卡拉动物群，是现在所知道的最早的古动物群了。

从那以后，世界上许多地方，包括西南非洲、加拿大、俄罗斯和英国，都发现了同时代的古老动物；科学家在我国长江三峡的西陵峡的震旦纪岩层里，找到了海绵骨针和一些软体动物化石，距今 6.1 亿至 7.5 亿年；南京地质古生物研究所的科学家在贵州省瓮安生物群中发现了一枚原始海绵动物化石，命名为"贵州始杯海绵"，也有 6 亿年的历史；淮河以南的淮南古动物群，距今 7.4 亿至 8.4 亿年……这些都是地球上最古老的居民。这些没有骨骼的软体动物，有人又把它们称为"裸露动物"。

在这些原始动物中，最有代表意义的是布鲁克斯水母。它的身体是椭球形，或是盘状，像是充满了气体的气球似的鼓胀着。它的边缘裂成好几片，从上面看，好像许多花瓣似的。布鲁克斯水母的肚子下面伸出四五根口管，它应该是从这里吸收营养、维持生命的。

埃迪卡拉动物群的动物种类已经很丰富了，也有复杂的身体结构。在它以前还有没有更早、更简单的古老动物呢？答案是肯定的，因为一切事物的发展都是从简单到复杂。布鲁克斯水母够复杂了，在它之前必定还有更加简单的原始生命，只不过暂时还没有找到而已。

朋友们，大家一起动手，去寻找地球上真正的最古老的"居民"吧。这个具有重大科学意义的工作，十分神秘而又艰辛，却是人类不容推卸的责任。

蓝绿藻、叠层石

蓝绿藻出现在距今35亿~33亿年前。20亿年前到7亿年前，中元古代的叠层石是一种"准化石"。这二者算是最古老的生命了。

还有呢！有人说大约在36亿年前，产生了第一个有生命的细胞，该算是最古老的生命了吧。

这些东西当然比布鲁克斯水母更早，但是它们的结构却没有布鲁克斯水母完整，只能说是"生命"，还不能算作"动物"。因此，暂时还只能把布鲁克斯水母当成是最可靠的古老动物。

第二章
5 亿年前大海的主人

名称：三叶虫

地质时代：寒武纪至二叠纪

5 亿年前大海的主人是谁？

是三叶虫。

5 亿年前世界的主人是谁？

是三叶虫。

请问，为什么三叶虫是那时候大海和世界的主人？

道理非常简单。那时候，陆地上压根儿就没有生命的痕迹。生命是在海水中诞生的，所以当时可以忽略陆地。生活在大海里的三叶虫，当然既是大海的主人，也是世界的主人啰。

寒武纪时期的三叶虫

说得具体些，是在遥远的 5.7 亿年前，古生代刚刚开始，翻开寒武纪的第一页，就出现了这个第一代"海上之王"。

请注意，我没有称呼它是什么"海上霸王"，因为它的个头儿不大，没有特殊的"武器"，称不了什么"霸"。可是它的确是当时最多、最主要，也是整个时代最有代表性的生物,给一个"王"的称号，也不是不可以的。何况三叶虫的种类很多，其中就有一个王冠虫，已经有"王"的称呼了。

话说到这里，没准儿有人说，只听说过三叶草，还没有听说过三叶虫。古时候有青草化为萤火虫的传说，这个三叶虫，是不是三叶草变化成的?

不! 不! 不!

我在这里连说三个"不"，就是说绝对没有这么一回事的意思。

三叶草是草，三叶虫是虫。一个是植物，一个是动物，怎么可能互相变来变去呢?

人们还会问，三叶虫这个名字很古怪，为什么这样称呼它?

古生物学家解释说，这是根据它的身体结构命名的。

你看，在它的几丁质外壳上，有两条深深的背沟，把整个身体纵分成中间的轴叶和两边的两个侧叶。

再一看，它又可以分为头、胸、尾三个部分。不管横看还是竖看都是三片，难怪人们给它取了"三叶虫"这个名字。

仔细看，它的身体大多是卵形，或者是椭圆形。头上有眼睛和活动颊，有的还有一对尖尖的颊刺。胸部有许多体节，可以蜷曲起来保护肚子。尾部有大有小，有的有尖锐的尾刺，有的是半圆形、新月形，或是燕尾形，可复杂了。

根据体形不同，三叶虫可以分为许多种类，每一种都有特殊的名称。例如前面说过的王冠虫，头部有许多瘤状的突起，看起来好像是王冠上的一颗颗钻石。再如像眼睛长在头部后面的斜眼虫，头大尾小胸节多的莱得利基虫，脑袋像蛤蟆、尾巴像蝙蝠的蝙蝠虫等，都各有各的特点。

三叶虫的个头儿不大，一般只有几厘米长，特别巨大的"巨虫"可以达到70厘米，最小的却小得只能在放大镜下面才能看见它的尊容。

别瞧它们只是一只只微不足道的小虫子，却是5亿年前寒武纪时期大海的主人。它们绝大多数生活在暗沉沉的海底，用扁平的身体紧紧贴在泥地上缓缓爬行，或者在松软的泥沙中钻来钻去。因此今天我们看见它们的化石，绝大多数都在泥质的沉积岩里。也有一些种类的三叶虫在海上顺水漂流，生活习性也与其他的三叶虫不相同。

三叶虫行动很缓慢，没有自卫能力，遇到别的生物攻击，只能把身体蜷曲成一个小球，用比较硬的几丁质背甲保护自己。好

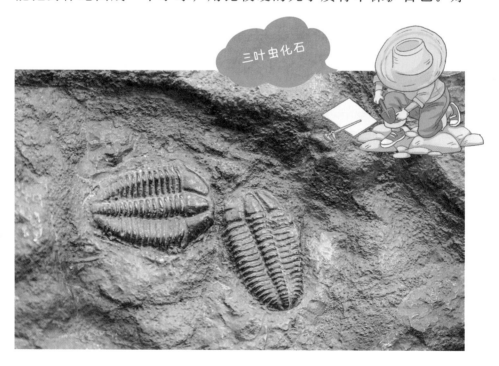

三叶虫化石

在寒武纪时期，它们的对手很少，所以能够大量繁殖，占有当时海洋生物的一半以上，把辽阔的大海变成"三叶虫的海洋"。

它的延续时期很长，从5亿多年前的寒武纪，直到2.5亿年前的二叠纪末，前后有近3亿年。

哎呀！3亿年是什么概念？从前一个个皇朝的"万岁爷"们，也才只敢自称一万年。整个皇朝也不敢吹嘘得太了不起，也不过是什么"万世根基"而已。万和亿差远了，和这种小虫子相比，那些皇帝算得了什么？！

三叶虫真的过了3亿年的好日子吗？也不是的。

从4.9亿年前的奥陶纪以后，一些凶猛的肉食性动物出现了。例如奥陶纪初期出现的直角石、鹦鹉螺等头足动物，奥陶纪中期出现的甲胄鱼，以及泥盆纪大量繁殖的鱼类等，都饶不了弱小的三叶虫，是三叶虫没法抵抗的天敌。

掐指算一下，从5.7亿年前寒武纪开始，到4.9亿年前寒武纪结束、奥陶纪开始，它只过了8000万年的好日子，往后就委委屈屈像是受气的小媳妇一样，再也没有宁静的日子过了。

这时候，三叶虫该怎么办？

它们没有办法，只好蜷缩得更紧，尽可能抵御外来者的侵犯。有的还长出了大大的复眼，随时注意身边的情况，及早做好逃避的准备。

可怜，实在太可怜！

唉，三叶虫毕竟太弱小了，在这弱肉强食的海洋里，终于完全退出了历史舞台。不过，在无数强敌的侵扰下，它们也苦苦支撑了很长很长的时间，是生命力很强的小小生命。

在没有强敌的情况下，三叶虫数量庞大，曾经是一代"海上之王"，却从来不是"海上霸王"。现在，你该理解了吧？

三叶虫的家谱

三叶虫是一种低等的节肢动物，本身种类非常复杂，有许多目、科、属、种，有一个庞大的家族。

奇特的"多蝠砚"

清朝著名诗人王士禛在笔记《池北偶谈》中，有这么一段有趣的记载：明朝末年崇祯九年（公元 1636 年）的春天，有一个名叫张华东的文人到泰山去游览，忽然看见河水里一块大石头上，镶嵌着两只"蝙蝠"，感到很奇怪。他走过去，把水里的石头捞起来一看，惊奇得简直不相信自己的眼睛了。

哎呀！可不得了。想不到石头背面还有许多同样的"蝙蝠"，张开翅膀好像在飞翔，一个个活灵活现的。他认为这是一个宝物，就把这块石头叫作"蝙蝠石"。"蝙蝠石"石面有一个凹坑，可以用来储存墨汁，旁边的光滑石面可以磨墨。这块石头有一尺左右，干脆做成一个大砚台，取名叫作"多蝠砚"。"多蝠"是"多福"的谐音，象征着幸福美好。这样天造地设的一个宝贝，前来参观的人无不称奇，张华东喜欢得不得了。

其实，张华东不是第一个发现这种"蝙蝠石"，也不是首先用它做砚台的人。根据晋朝人郭璞在《尔雅注》中的记载，早在一千多年前的晋朝，就有人在山东用这种含有奇异"蝙蝠"的化石制造砚台了，取名叫作"蟙䗕（zhì mò）石"。

什么是"蟙䗕"？蟙䗕就是当时对蝙蝠的称呼。郭璞记载的"蟙䗕石"，也就是张华东所说的"蝙蝠石"。可惜这些珍奇的砚台，已经随着历史烟尘消逝得无影无踪了，只留下这两本古书的记载，作为曾经有过这件事的凭证。

不过，这没有关系。只要有了起初的发现，必定就有后来人接着干，而且比前人越来越聪明。

是呀！是呀！既然历史证明山东是这种"蝙蝠石"的产地，可以用来制作上等的砚台，那就到那儿去找呗。古人能找到，难道现代人就找不到吗？

地质学家也出马了，首先鉴定出这不是什么"蝙蝠"，而是古老的三叶虫，只不过其外形有些像蝙蝠罢了。

地质学家接着宣布，山东主要的"蝙蝠石"产地在泰安大汶口。因为三叶虫的形状也有一点儿像燕子，所以蝙蝠石又叫"燕子石"。奇特的三叶虫化石，主要在这儿的寒武纪石灰岩中。

有了产地和地层就好办了。人们在同样的产地，采集含有三叶虫化石的岩石，成批成批地制造出同样精致的"多蝠砚"。根据石头的具体情况，人们对其进行了独具匠心的设计。有的三叶虫趴在砚池边沉睡，有的在砚台表面爬行……单单双双、大大小小各不相同，组成一幅幅美丽而又独特的图案。每一个砚台都不同，每一个都是精致的工艺品，绝对没有工业化成批生产一个个模样相同的情况。

其实，三叶虫是一种常见的化石，也不一定仅仅存在于寒武纪的地层中。它的种类很多，只要找到同一个时代的地层，几乎就能发现同样的三叶虫。我在野外工作中，不知发现过多少三叶虫化石，真的不是一个地方独有的，这一点儿也不稀奇。不信，你在地质队员的背包里翻找吧，肯定可以找到同样的标本。

这种远古动物生活在广阔的大海中，而远海沉积物生成的石灰岩，十分均匀细腻，用来做磨墨的砚台，那是再好不过了。

第三章

海底"牛角杯"

名称：古杯

地质时代：寒武纪

静静的海底，有一只尖尖的"牛角杯"隐藏在深深的水下，显得神秘极了。请问，这是谁失落在这儿的？

这是一艘古代沉船遗留的文物吗？是某个公主的物品，或是一群海盗狂欢豪饮的用具，还是海龙王最珍爱的一只玛瑙酒杯？

不，都不是的。它不是陶土焙烧的器皿，不是巧手工匠精心雕琢的艺术品，也不是神话传说中的宝贝。这是一种早已灭绝了的海洋动物，和三叶虫一起生活在 5 亿年前的大海里。因为它的形状很像一只高高的尖底酒杯，所以人们就把它叫作"古杯"。

其实，这种"酒杯"并不高，很少有超过 15 厘米的，连龙王爷的胡子也比不上。如果它真的是"酒杯"，只能是海底小矮人的用具，不可能拿来给人们豪饮。它的形状也多种多样，除了杯子样式的，还有倒锥形、圆柱形、碟形和盘状形的，有的下面还有一个杯座，可以平放在海底，而且外形奇特，令人叫绝。

除了单个金鸡独立的，也有群体簇生在一起，形成树丛状、链状等排列形式的，这些"杯子"表面有光滑的，也有一些有瘤状的突起，或者纵向、横向的皱纹。

别瞧它的个儿不大，结构却非常特别。它是由内外两层多孔的"墙壁"组成的，中间有许多小小的隔板，形成一个又一个小巧的隔壁"房间"。这些"房间"由一系列的外壁、内壁、中腔、隔板、横板、曲板、泡沫板、骨棒、管室、固着根等各种各样的"零件"拼凑而成。

由于"古杯"周身都是小窟窿眼儿，所以人们猜测它是一种类似海绵靠过滤取食的特殊生物。含有食物成分的水流从外壁渗透进身体内，它吸收养分后又把水排出来，这样周而复始地维持自己的生命。

哈哈！这简直就像是一个天然过滤器呀！大自然安排了这么一种奇特的生物在天地间，实在太巧妙了！

"古杯"喜欢生活在平静、清洁、温暖的浅海水底，用自己的底座固定在泥沙上，过着特殊的底栖生活。由于这个原因，最初还有人以为它是一种植物呢。

不，在它的一生中，并不都是一动不动地像木头桩子似的死死站在一个地方不挪动一点儿位置。它的童年时代是一个会浮游的幼虫，在海上不声不响漂游，随着海水的流动散布到各处。慢慢长大后，它逐渐分泌出钙质的骨骼，生成了多孔的身体，并发展成为"牛角杯"的形状沉下海底，开始了底栖固着的生活，成为不声不响的海底隐士。

珊瑚的家族

美丽的珊瑚也是一种古生物吗？

是的，珊瑚由来很久。早在几亿年前的下古生代，就出现它们的踪迹了。它们属于腔肠动物的一个专门的珊瑚纲。

在远古地质历史中，珊瑚的门类很多。在珊瑚纲里，还有下面这些种类：

四射珊瑚亚纲，存在于奥陶纪至二叠纪；

六射珊瑚亚纲，存在于中三叠纪直到现在；

横板珊瑚亚纲，存在于寒武纪至三叠纪；

日射珊瑚亚纲，存在于晚奥陶纪至泥盆纪；

八射珊瑚亚纲，存在于三叠纪到现在。

珊瑚

第四章
海老人的笔迹

名称：笔石

地质时代：中寒武纪至石炭纪

当我们翻开远古的岩层，常常可以看见一行行墨迹斑斑的笔迹，像是一种特殊的楔形文字。仔细看，似乎是压扁成了碳质薄膜，很像铅笔在岩石层上书写的痕迹。

啊，这是谁留下的？是古埃及的，还是古巴比伦的，或者是别的古老民族的文化遗产？是一位博学的圣贤，还是神秘的巫师，留给后人的箴言或者高深的启示？是隐藏着世界末日的预言，或者未来历史发展进程的预告？人们查遍了古代历史，也找不到这种奇怪的文字，以及任何足以启发人的端倪。

咦，这是怎么一回事儿？人们不禁发问：海老人哪，这是您
用毛笔蘸着咸咸的盐水书写的古代海洋神话吗？

　　沉默的大海没有回答，依旧波涛翻滚。哗啦、哗啦、哗啦啦，
似乎这就是它含含糊糊的回答。

　　不是的。

　　古生物学家告诉大家，这不是常见的文物，这是一种古生物
的遗迹呀！

　　这是一种远古脊索动物的化石。虽然它早就被人们发现了，
却没人能弄清是怎么一回事儿。

　　18 世纪，大名鼎鼎的瑞典生物学家林奈给它取了一个名字叫

笔石化石

笔石。可是林奈本人也没有弄太清楚，仅仅认为它是岩石缝隙里的一种化学沉淀物，是一种假化石，根本就不算一种生命。

也有人认为它是一种苔藓虫，或是一种压扁了的神秘动物。直到 20 世纪中叶，科学家使用先进的电子显微镜以及其他的研究方法，才最终揭开了它的庐山真面目。

哦，原来这是一种特殊的海洋群生动物。我们所见到的笔石的外形，是许多小笔石虫共同居住的"公寓"。残留在岩石上的一笔笔"墨迹"，只不过是许多笔石枝，每个笔石枝上面都有一个胎管和许多胞管。这些中空的小管子，就是笔石虫的安乐窝。

许多笔石体互相连接起来，排列成一个个奇妙的图形，仿佛是难懂的古代楔形文字，考验着人们的智商。

有趣的是，这种海洋"公寓"和固定在海底的珊瑚不一样。除了极少数固定在海底过着隐士般的生活外，大多数都是四海为家的旅行者。它们带着自己的"房子"，随波逐流到处漂泊。从笔石化石发现的情况来看，当时世界上几乎所有地方都有它们的踪迹。如果好奇的人们向它们打听组成的"笔迹"到底是什么意思，没准儿它们会回答：这是"笔石到此一游"的签名呀！

 小卡片

笔石的种类

请别小看了小小的笔石，它的种类也很多呢。它分为正笔石、管笔石、腔笔石、茎笔石、树形笔石等种类。它们各自有着不同的构造，共同组成一个庞大的家族，在远古海洋里延续了很久。

小知识

笔石的生活环境

　　笔石生活在什么环境里？从它的化石所在的岩石可以看出一些信息。在野外工作中，地质工作者发现，笔石化石总是在页岩中，可见它总是生活在距离岸滨不远的浅海，栖息在泥质水底。其中最多的是黑色页岩，表明这里是水流不畅、缺乏氧气、富于硫化氢的还原环境。这里不利于一般的海洋生物生存，所以别的生物化石很少。成群的笔石漂流到这里，就会大量死亡。死后尸体沉落到海底，因为这儿的底栖动物很少，笔石的尸体不会被吞掉或破坏，所以就很好地保存下来了。

页岩的结构

第五章
神秘的鹦鹉螺

名称：鹦鹉螺

地质时代：奥陶纪至现代

啊，鹦鹉螺，多么美丽的鹦鹉螺！

难道不是吗？它洁白的贝壳上，点缀着一条条红褐色的波纹，色彩斑斓。

啊，鹦鹉螺，多么神秘的鹦鹉螺！

难道不是吗？它藏在深深的大海里，难得露出真容。不像别的贝壳，一网就可以捞起许多。

啊，鹦鹉螺，多么熟悉的鹦鹉螺！

难道不是吗？我们都看过著名科幻小说作家凡尔纳写的《海底两万里》，对主人公尼摩船长驾驶的"鹦鹉螺号"潜艇无限神往。如果能跟随他，乘坐这艘神秘的潜艇，静悄悄地游遍幽暗的海底王国，该有多好！

也许受这部科幻小说的启发，世界上第一艘蓄电池潜艇和第

世界第一艘核潜艇
"鹦鹉螺号"

一艘核潜艇，都被命名为"鹦鹉螺号"。1958年，"鹦鹉螺号"核潜艇首次从冰层下穿过了北极点，完成了一次惊人的探险航行。

为什么在凡尔纳笔下的神秘科幻世界里，以及这个现实世界中，这些不平凡的潜艇都取名叫作"鹦鹉螺号"？

道理非常简单，因为鹦鹉螺这种海洋动物，实在太神秘诱人了。凡尔纳的故事也太神秘，久久留在人们的心中。所以，后来执行这个重大探险任务的核潜艇，才取了这么一个同样科幻式的名字。

是呀！是呀！除了科幻式的传说，除了离奇古怪的鹦鹉螺本身，还有什么配得上水底穿越北极点的壮举。

是呀！是呀！鹦鹉螺就是这样一个稀罕、神秘，一出现就紧紧吸引住人们目光的，不可多得的探索对象，是神秘和好奇的代名词。

你可知道，鹦鹉螺不仅有这些传说和现实的故事，它还从其他角度给人以启发，引起人们的兴趣。数学家从它的外壳切面所表现的优美螺线，分析出其中暗含了著名的斐波拉契数列。斐波拉契数列的两项间比值，无限接近黄金分割数。还有人从它的外壳上那些诡奇的花纹，居然联系上八竿子也打不着的天文学——觉得这些奇妙的纹路，似乎与天体运行有着某种关系呢！所有这一切，都表明了它在人们心目中向来就是一种变幻莫测的生物。

鹦鹉螺是什么？其实就是一种海洋软体动物！它的外壳很薄、很轻，像螺旋形一样盘卷，生长纹从壳的脐部辐射出来。它的表面有着红褐色的、雪白的、乳白色的颜色。整个螺旋形的外壳有点像鹦鹉的喙，所以叫作鹦鹉螺。虽然叫作鹦鹉螺，却和鹦鹉、螺没有一丁点儿关系。好像我们的名字，有的叫什么龙啊虎的，还有的带一个松、竹、梅字，其实和这些动物、植物没有半点儿

鹦鹉螺

关系一样。

关于它的名字来源，还有别的猜测，就有人说是拉丁文的"水手"一词。古代人们发现许许多多鹦鹉螺的空壳，在海上随波漂流，也有离奇的传说。人出名了，什么"八卦"新闻都有；鹦鹉螺出名了，也有说不完的传说。

它属于软体动物门、头足纲下面的一个鹦鹉螺超目，可以分为 2 属 6 种，包括大脐鹦鹉螺、珍珠鹦鹉螺、白斑鹦鹉螺、帕劳鹦鹉螺等，是现代章鱼、乌贼的亲戚。它本身就有许多种类，一下子说也说不完。有的壳面很光滑，有的装饰着美丽的花纹，把自己打扮得非常漂亮。也许正是这个原因，人们才用美丽的鹦鹉来命名这种奇怪的螺壳动物吧！

它和别的带壳的软体动物相比，算得上是"大个子"了。

前文已经说过，鹦鹉螺是一种软体动物，藏在美丽的壳室里，壳内有它的"卧室"，还有一连串隔开的"气室"。各个壳室之间有膜隔开，一根室管穿过膜，把各个壳室连在一起，结构非常巧妙。气体和水流通过室管向壳外流出，它就这样来控制浮力。也许这些"气室"就是帮助它浮游的特殊设备吧。这可真像是一艘结构巧妙的超迷你型潜艇。

鹦鹉螺的游泳方式与众不同。不是像鱼儿一样用摆动胸鳍、腹鳍和尾鳍来运动前进，而是依靠身体收缩向外喷水，利用水的反作用力推着它向前运动。它是一种了不起的"喷水潜艇"。

它和真正的潜艇一样，攻击能力也很强。它的头部有许多触手，可以用来捕捉食物，是大海里的一种凶猛的肉食动物。

4.4 亿年前的奥陶纪，是鹦鹉螺称霸的时代。它们几乎遍布全球海洋里的每一个角落，大约有 2500 个种类，可是后来种类越来越少，不过还没有完全绝迹。直到今天，在温暖的印度洋和南太平洋，包括我们的台湾海峡和南海在内，还能找到它们的踪迹。它们要比大熊猫古老得多，是名副其实的海洋活化石。

鹦鹉螺的生活习性

鹦鹉螺可以浮上水面，也能沉下海底。它栖息在上百米的深水底层，不愿意受外界干扰，过着平静的水下隐士生活。

它老是停留在一个地方，不会动一下吗？

当然不是的。

既然它是动物，就会运动呀。

它有自己的活动方式——伸出一根根柔软的腕部，非常缓慢地在泥地上匍匐前进。

除了这一招，它还能通过排出壳室内的水，利用喷水的反作用，向着前方推进，好像一艘奇异的微型潜艇似的，悬浮在水中运动。

在海上风平浪静的夜晚，暴风雨过后，它常常浮起来。

只见它贝壳向上，壳口向下，头和腕完全舒展开，舒舒服服浮游在水面上，悠闲自在地到处漂游。

鹦鹉螺身体非常柔弱，没有对抗敌人的武器，所以它的警惕性很高。只要觉察到一丁点儿危险，它就立刻缩进壳里躲起来，不会继续冒险。

它一般在晚上活动，白天附着在岩石或者珊瑚礁上，是一种凶猛的黑夜猎手。古时候，三叶虫遇着它，可要倒霉啦。

为什么鹦鹉螺喜欢藏在海底?

除了躲避敌人,这里还不会受到汹涌的波浪影响。

可是只要在大海里,哪儿的海水都是会流动的,要是被冲走了怎么办?

有办法!它的腕部可以排出一些分泌物,像胶水一样紧紧地粘在岩石上,能牢牢固定住身子不动。

它生活在大海里,吃什么东西过日子呢?

它一般在夜晚行动,抓一些水底的小甲壳动物吃,特别喜欢吃小螃蟹。其实,它也可以算是甲壳动物,真是大鱼吃小鱼,大甲壳动物吃小甲壳动物,大的欺侮小的呀!

 小知识

鹦鹉螺和月球活动

有人观察了现存的几种鹦鹉螺,发现其贝壳上的波状螺纹宽窄不一,可以分成许多隔,每隔30条左右,是一种特殊的生长线。鹦鹉螺每天长出一条,每月长出一隔,好像树木一样,也有自己特有的年轮。

根据这些螺纹数目的变化,就能推算出月球活动的规律。

我们发现:在距今2600万年前的第三纪渐新世的鹦鹉螺化石上每隔有26条螺纹,6500万年前白垩纪的有22条,1.4亿年前侏罗纪的有18条,2.8亿年前石炭纪的有15条,4.4亿年前奥陶纪的有9条。这意味着奥陶纪时期月球绕地球一周只有9天,月球环绕地球运动越来越慢,正在远离地球而去。

情况真是这样吗?不管怎么说这也是一个奇特的发现。

菊石

    菊石和鹦鹉螺一样，也是软体动物门、头足纲下面的一个超目。它于古生代泥盆纪开始出现，在中生代末期的白垩纪也是海上的一代肉食性霸王。

不同种类的菊石

第六章
有生命的"沙粒"

名称：纺锤虫

地质时代：石炭纪至二叠纪

它是谁？隐藏在哪里？为什么很难瞧见它的踪迹？

这只是一个小不点儿的家伙，只有一颗米粒大小，只不过4~6毫米，真的太小了。它的全身只有一个细胞，实在微不足道。

请别小看了它。它也是一个具有生命的小小动物呢。这是2亿多年前原生动物有孔虫的一种，因为它的整个身子是纺锤形，所以研究者给它取了一个极其形象的名字——纺锤虫。

它的全身大多数是以螺旋轴为中心、按螺旋方式排列的。在石灰质的壳内，有发达的隔壁和孔。

纺锤虫属于有孔虫目的一个亚目，是一种单细胞动物。在古书里，纺锤叫作蟪(tíng)。所以李四光就给它取了一个学名，干脆就叫作蟪。可是，这也不一定。在它的家族中，也有棒形和球形的纺锤虫。

喂，朋友，请不要看它这么小，内部构造可复杂了。在放大镜下一看，里面整整齐齐排列着一圈圈蜂窝状的壳室。

其中，最里面一个是初房，有一个小孔。原生质就是从这里流出来，形成了一层又一层的壳室和旋壁。壳室之间有隔壁，还有沟通内外的通道。大多数壳室以螺旋轴为中心，按照螺旋方式排列，非常有规律。在这样小的身体里面，有这样奇特的建筑设计，人类真的没有想到呢。

蟆是古生代的重要化石，大多数默默无闻地居住在海底，像是最最平凡的沙粒。粗心的人们啊，你们可曾想到过，在最普通的泥沙里，居然也孕育着生命的奇迹。

蟆并不都是这样微不足道的小东西，在它的家族里也有了不起的"巨无霸"。在一代代发展中，它们的体形逐渐增大，有一种居然达到6厘米长，可算是这个家族里的"巨人"了。

珠穆朗玛峰上的货币虫

货币虫也是有孔虫的一种，生存在老第三纪，在始新世时期最繁盛，在地中海地区特别多。在有孔虫家族中，它的个头儿比较大，直径可以达到6厘米。因为它的外形很像一枚货币，所以叫作货币虫。这个名字来源于拉丁文，意思就是"小铜板"。

信不信由你，珠穆朗玛峰上的岩层里，也有它的踪迹，由此证明，这里曾经是老第三纪期间古地中海的一部分。

货币虫化石

小知识

有孔虫和地层划分

小小的纺锤虫和别的一些有孔虫有什么作用？

请别小看了它。由于在不同时期，生成了不同的有孔虫品种，这些有孔虫生成化石后便成为划分一个个时期的标志物。所以，在古生代地层划分中，不同的有孔虫就能精确细分出不同的地质时代。在石油以及其他相关科学问题的研究中，具有非常重要的作用。

有一个研究生，原本报考在我的门下，后来转为古生物专业，专攻有孔虫这个"小虫虫"。他毕业后辗转到东南亚一个很大的国际石油公司工作。我曾到那里访问，他告诉我，凭着这一套研究"小虫虫"的功底，在单位里他牢牢地站稳了脚，成为不可替代的业务骨干。由此可见，有孔虫这个"小虫虫"有多么大的意义。

第七章
会飞的石燕

名称：石燕

地质时代：古生代晚奥陶纪至中生代早侏罗纪，在古生代的泥盆纪、石炭纪最多

东晋大画家顾恺之在《启蒙记》中有一段有趣的记载："零陵郡有石燕，得风雨则飞如真燕。"

瞧，他说的是这儿有一种石头燕子，原本一动不动，遇着了风雨就会飞起来，好像就是真正的燕子。

这个石头燕子是什么东西？原来啊，它就是有名的石燕。人们发现岩石里露出一些奇怪的小动物，有尖尖的"喙"，展开的"翅膀"，活像是一个个石头小燕子，所以就取名叫作石燕。顾恺之大概亲眼见过，没准儿以为这些"小燕子"疲倦了，藏在石头里休息呢！根据风雨过后这些"小燕子"常常坠落的现象，他想，这就是它们拍着翅膀飞起来了。

唉，这位大画家，不知画了多少山水人物。可惜没有留下一

幅石燕飞翔的画，以便作为珍贵的凭证。

零陵郡在哪儿？

公元前 221 年，秦始皇平定南方后，在今天的广西全州设置零陵县。汉武帝把它升格为零陵郡，管辖湖南南部、广西东北部一大片地方。

这儿出产石燕的记载很多。唐朝历史学家李吉甫在有名的《元和郡县图志》中，也有一段话说："石燕山在县（湖南祁阳县）西北一百一十里，出石燕充药。"

古时候这样的记载很多。北魏时期的大学者郦道元，在《水经注》里也有一段记述："石燕山有石绀而状燕……，及雷雨相薄，则石燕群飞，颉颃如真燕矣。"

北宋张师正在《倦游杂录》中，说得更加清楚。他说："零陵出石燕，旧传雨过则飞。常见谢郎中鸣云：自在乡中山寺为学，高崖岩石上有如燕状者，圈以笔识之。石为烈日所曝，忽有骤雨过，所识者往往坠地。盖寒热相激而进，非能飞也。"

瞧，有这么一个叫谢鸣的乡村医生在庙里读书，发现高高的崖壁上有许多这种石头小燕子，就用笔一个个圈画出来，注意观察它们的活动。日子一天天过去，这些"小燕子"一个也没有动一下。经过日晒雨淋，有的"啪嗒"一下掉落下来。这就是热胀冷缩的风化作用嘛！

他拾起来仔细看，原来这是一种河蚌一样的小动物，不知怎么变成了石头。它们有一个非常尖锐的壳喙，好像是燕子的嘴喙。连接两扇外壳的铰合线又直又长，向两边宽宽地展开，很像鸟儿张开的翅膀。加上鼓起的壳瓣，好像是燕子的胸脯。打眼一看，整个形态还真的像是一只振翅欲飞的小燕子呢。难怪1700多年前的顾恺之弄错了，给它取名叫石燕。他是一位浪漫的画家，没有学过地质学，请原谅他吧。

石燕是一种腕足动物，用铰合器官把两个壳连接在一起。如果剖开一看，可以瞧见里面有两根盘旋成一圈圈的腕带，叫作腕螺。这就是它的"手臂"，用来张开、关闭壳瓣，在海水里摄取食物维持生命。

石燕不会飞，和蓝色的天空没有一丁点儿关系，而是藏在蓝色大海的水底，用一根肉茎作为锚链，固定在泥沙上，摄取海水里的养分，静悄悄过着隐士一样的平淡生活。它不知道什么是春天，什么是天空，什么风啊雨的，更加没有展翅飞翔的浪漫经历。古人看花了眼睛，把它误认为是会飞的"小燕子"了。

小知识

腕足动物

　　腕足动物都有两个外壳。腹壳大，背壳小，壳顶有一个尖尖的壳喙，壳面的花纹不一样。有的壳鼓得很大，有的不大。有的有铰合线，把两个壳连接在一起；有的没有铰合线，是用肌肉来张开或者关闭两个壳的。

　　腕足动物是一个庞大的家族，有2000多个种类，石燕就是其中的一种。从遥远的寒武纪到现在，有5亿多年的家族史。哼哼哼，有些自以为了不起的什么皇家贵族，压根儿就没法和它相比。

海豆芽

　　海豆芽是什么？是长在海里的豆芽吗？

　　不，这也是一种腕足动物，又叫舌形贝。它个儿很小，只有1厘米左右，生活在海滨的浅水中。它将身子藏在半透明的壳里，用长长的肉茎固定在泥沙洞穴里，只要发现有一些不妙，立刻就缩回洞里，甚至抛掉肉茎躲起来。原来它是一种水下的穴居小动物哇！

　　请别小看了它，它也是一种活化石呢！

第八章

了不起的蜻蜓大王

名称：原始蜻蜓

地质时代：石炭纪晚期至二叠纪早期

谁最先飞上蓝色的天空？

是鸟儿吗？

不是。

是神奇的飞龙吗？

也不是的。

告诉你吧，最早飞上天的是原始蜻蜓。

啊，小小的蜻蜓，身子那么脆弱，翅膀那么轻薄，怎么能算是最早的天空征服者？

征服者应该是强大的。即使不算太强，也应该很大。小小的蜻蜓算得了什么，能够赢得这样的桂冠吗？

古生物学家说，为什么不可以呢？存在就说明了一切，有它的遗体做证，就是最好的说明。

蜻蜓化石

这是在厚厚的煤层里发现的。一只只原始蜻蜓连同它们薄薄的翅膀，保存得好好的。似乎就是为了保存到今天，给怀疑的人们看的活证据。

它们被发现于2.8亿年前的石炭纪晚期，比后来的翼龙和始祖鸟早5000万年，是名副其实的天空征服者。

你猜，这些原始蜻蜓有多大？

在法国北部发现的原始蜻蜓，张开的翅膀差不多有70厘米宽，几乎和一个孩子伸开手臂的长度一样长。如果叫这个孩子张开双手去抱它，没准儿还抱不住呢！

这还不是最大的，还有人找到一只91厘米长的特大个儿原始蜻蜓。想一想，这样的蜻蜓多么巨大呀！现在我们熟悉的小蜻蜓，伸出两根手指就能轻轻拈住，压根儿就没法与之相比。

哎呀呀！这哪是什么活生生的蜻蜓，简直就像是一个飞上天的大风筝啊！如果有一个孩子想抓住它，可没有今天在花园里捉蜻蜓那样容易。弄不好的话，没准儿还会被它反咬一口呢！它简直就是蜻蜓大王。

这个蜻蜓大王是什么样子？

和今天的小蜻蜓一样吗？

有些像，也不太像。

我们仔细看这种古老的大蜻蜓，发现它和现代的蜻蜓的确有些不一样。

你看它，有六只翅膀。其中四只大的，两只小的，比现代蜻蜓多两只，结构可复杂了。

再一看，它的四只大翅膀好像固定翼飞机似的，只能平伸在

蜻蜓

身体两边，不能收拢起来。不用说，它的飞行本领比现代的小蜻蜓差得多。虽然个儿很大，却还不够灵活。似乎不能随意上下扇动，和今天的蜻蜓没法比高低。杜甫在成都郊外草堂故居的田野里，看见的那种"穿花蛱蝶深深见，点水蜻蜓款款飞"，笨拙的原始蜻蜓绝对没法进行这样的精彩表演。

翅膀不能随意扇动，它怎么飞呢？

有人说，不能自由自在飞，就张开翅膀滑翔呗。滑翔机的翅膀也不能上下扇动，不是也可以借助气流飞很远吗？

要滑翔，就得有大翅膀。

那时候，到处都是黑压压的大森林。有的树有三四十米高，几乎和十多层的楼房一样高，树下长满茂盛的羊齿植物。森林中有许多小昆虫，就是这些原始蜻蜓的丰盛食物。它们凭着四只特大的翅膀，在树与树之间短距离滑翔，捕捉别的小昆虫，也够了不起啦！要知道，那是两亿多年前，天空真的是"空"的，空荡荡什么也没有。能有这么一种大蜻蜓飞上天，打破了空中的沉寂，也算是一个了不起的突破呀！

噢，只能简简单单滑翔，似乎也太委屈它了。毕竟这是天空的首位征服者，好像哥伦布发现新大陆一样，具有划时代的意义。虽然很原始，可也不是太落后。

原始蜻蜓只能滑翔的理论流传了很久，后来有一位航空工程师站出来说话了。他仔细研究了这些原始蜻蜓的翅膀结构，发现了一个秘密。想不到它的翅膀也有现代蜻蜓的褶皱结构，这种特殊的翅膀居然还能摆动、弯曲和扭转，这就可以像真正的飞机一样飞了。原始蜻蜓有了这样的飞行本领，就可以飞得更高更远，并不仅仅像鼯鼠一样张开皮膜翅膀，在树枝之间简单滑翔了。也许不会飞得太快，却总还是能在天上飞的。

　　这两种说法，究竟谁对谁错，还得进一步研究。不过至少说明了一个事实：原始蜻蜓的飞行本领不是那么简单，还有更加灵活的可能性。这也表明了，任何科学研究不能太单一。因为学科之间有千丝万缕的关系，还得从不同的角度共同研究才好。太专的专家不一定最好，我们研究问题需要真正认识全面的博士和大师，或者不同专业人才的共同配合。

　　飞呀，飞呀，了不起的原始蜻蜓。随着环境的变化，以后身子越来越小，越来越轻灵。经过亿万年的演变，才逐渐成为今天用一根细线也能承载的小蜻蜓。

　　飞吧，飞吧，巨大的原始蜻蜓。你是真正的天空发现者，原始时期的天空哥伦布。

　　哥伦布发现美洲算什么，你可是发现了整个天空！

小卡片

原始蜈蚣

　　原始蜻蜓那么大，当时别的原始昆虫也不小，原始蜈蚣就是其中之一。它大约有2.6米长，超过了姚明的身高。如果生存在现在，准会把人吓一跳。

你知道吗？

为什么原始蜻蜓有那么大

科学家说，这是因为当时大气层里的氧气特别丰富，浓度达到了35%，远远高于现今的情况。包括原始蜻蜓在内的许多节肢动物，可以通过身上的微型气管直接吸收氧气，而不是通过血液间接吸氧。所以，空气中高的氧气含量有可能使一些昆虫朝大个子的方向进化。

石炭纪的蜻蜓

第九章
穿"铠甲"的鱼武士

名称：甲胄鱼

地质时代：奥陶纪至泥盆纪

在遥远的奥陶纪，当三叶虫和笔石还在大海里纵情遨游的时候，水中悄然出现了一些穿"铠甲"的鱼武士。

请看，它们披着一块块坚硬的骨板，威风凛凛地冲涛破浪，难道不像是一群剽悍的古代武士吗？

噢，这是什么鱼？怎么这样怪里怪气的？

这是有名的甲胄鱼，是现代各种各样鱼儿的老祖宗。我们的祖先就是披着铠甲上阵的，为什么鱼的祖宗不能披着铠甲呢？

古代武士有头盔、胸

甲胄鱼

沟鳞鱼——盾皮鱼的一种

甲、膝甲等，甲胄鱼也是一样的。根据"铠甲"的位置，可以将甲胄鱼分为头甲鱼、鳍甲鱼、盾皮鱼等。想不到我们熟悉的鱼儿，就是以这种令人望而生畏的面目走上历史舞台的。

　　瞧着这些古怪的鱼，人们不禁会问，为什么它们穿着坚硬的"铠甲"？其实这些"铠甲"只是一片片骨板，包裹在它们身体的外面，透过动荡不息的水波看去，就像是真正的铠甲了。

　　是呀！是呀！乌龟可以这样，为什么鱼不能这个样儿？

　　是呀！是呀！坦克可以这样，为什么鱼不能这个样儿？

　　说得对！大家都用坚硬的骨板或者钢板包住，就不怕外来者的攻击了。

　　话又说回来，那时候鱼龙、大鲨鱼什么的都还没有出世，它们就是大海的主人，除了同类相残，还会怕谁呢？

甲胄鱼的种类很多，让我们仔细看看其中一种头甲鱼吧。

什么是"头甲"，这不就是脑袋上戴着钢盔吗？今天世界各国的士兵，都有自己的钢盔，有什么好稀奇的。

它的钢盔与众不同，不是只戴在头顶，露出整个面孔和下巴，而是紧紧包裹住整个脑袋，不留半点儿缝隙。两只朝天的眼睛挨靠在一起长在骨板上，呆直直瞪着头顶的海水，搜寻从上面游过的倒霉猎物。它的两眼中间裂开一条长长的鼻缝，就算是"鼻子"了。它的嘴巴长在肚子下面，周围有十几对细小的鳃孔。这就是呼吸器官，也可以在吞咽食物的时候，过滤夹杂在里面的泥沙。最奇怪的是在头甲两边，还有一对非常厉害的发电器。不消说，这也是一种特殊的武器。在原始时代的海洋里，可算是武装到牙齿的武士了。别瞧它的个儿不大，一般只有20厘米长，却是当时名副其实的海中霸王。

最大、最凶猛的甲胄鱼，是泥盆纪的恐鱼。

哎呀呀！听着这个名字，不禁就会想起后来称霸世界的恐龙。一个是鱼，一个叫龙，都同样厉害。

不消说，恐鱼的个儿都很大，一般都有好几米长，其中最大的可以达到十几米，脑袋也有3米多长，不亚于今天海洋里的鲸了。当它在水里张开大嘴巴，不管什么东西都可以一股脑儿吞进肚子。谁遇到它，都没有好果子吃。

甲胄鱼虽然很厉害，却是一个傻乎乎的家伙。它满足于无敌霸王的地位，根本就不懂军备竞赛这一套，不知道改进自己的装备。时间过了上亿年，身体几乎没有什么大的改进。尽管身边没有对手，却不明白冥冥中还有一个更加厉害的对手，谁忽视了它，就会被无情地淘汰。

那不是看得见、摸得着的东西，而是无形的环境。当它正得意扬扬，享受着霸王生涯的时候，整个地球的环境悄悄发生了变化。这些周身披挂着沉重"铠甲"的鱼武士应付不了，只好退出了历史舞台。

新的一代鱼类出现了。它们的身体变成流线型，长出成对的胸鳍和腹鳍，游泳更加方便了。这些新出现的鱼儿有了双鼻孔，呼吸得更加舒畅。嘴巴上长出上下颚，捕食和咀嚼都更加方便。

甲胄鱼的悲剧告诉人们一个非常重要的道理：安于现状，不思进取，绝对没有好下场。

石鱼山

南北朝时期，著名地理学家郦道元在《水经注》中有如下记载："涟水东入湘乡，历经石鱼山。山高数十丈，广十里。山下多元石，色黑而理若云母。凿开一层，辄有鱼形，鳞鳍首尾，宛若刻画。长数寸，鱼形备足。烧之作鱼膏腥，因以名之。"

他说的这个石鱼山，在湖南湘潭湘乡市境内，又叫作石鱼屏，有"石鱼彭蠡"的美称，是湘乡八景之一。

唐朝学者段成式在《酉阳杂俎》中也记述说："衡阳湘乡县有石鱼山，山石色黑，理若生雌黄。开发一重，辄有鱼形。鳞鳍首尾有若画，长数寸，烧之作鱼腥。"

类似的记载在别的古书中还很多，表明这儿盛产鱼化石。

第十章
爬上陆地的鱼

名称：总鳍鱼

地质时代：泥盆纪至现代

爬呀、爬呀，一条鱼好不容易爬上了岸。

哈哈！哈哈！鱼也能爬，居然还能爬上岸吗？

鱼没有脚，怎么爬？

俗话说，鱼儿离不开水。它怎么能离开了水，稀里糊涂地爬上岸？

哈哈！哈哈！这真是天大的怪事。不是瞎编乱造的，就是说梦话。

哼哼！哼哼！世界上哪有这样的傻鱼，岂不是自己找死吗？

不！不！不！信不信由你，这可是真实的事情。

这事发生在3.5亿年前的古生代泥盆纪，千真万确演了这一出鱼儿登陆的神奇剧目。

不，不是一条鱼这么干，显示孤胆英雄似的气派，挑战生存的极限，而是整整一群鱼、一个族类的整体行动。这不是简单的个例，值得我们注意了。

这不是出风头，这是逼上梁山。

这不是喜剧、闹剧，这是悲剧。想不到最后居然乐极生悲，否极泰来，演绎出一个惊险离奇的故事，你我都得到大大的好处。

呵呵，越说越邪门了。鱼爬上岸，对我们有什么好处？是不是鱼儿自己爬到厨房门口，乖乖做了我们的盘中餐？

这事说来话长。请耐住性子，听我最后再说清楚吧。

腔棘鱼——总鳍鱼中的一种

请问，这是什么鱼，胆子这么大？

记住啦！这就是地球历史中鼎鼎有名的总鳍鱼，是从海洋到陆地的开路先锋。

有人说，这是凶恶敌人逼迫的结果。

凶狠的敌人越来越多，一不留神就会成为别人的早餐，大海里实在活不下去了。与其落得这样的下场，还不如自寻出路，换一个环境试一试。俗话说，惹不起，躲得起嘛。怎么都是死，不如挑一个另外的死法。万一侥幸过了关，还不一定就死呢。

关于总鳍鱼上岸，还有另一个更加重要的原因——并不完全是敌人的逼迫，而是大自然老人家用无情的鞭子驱赶的结果。

作为古气候的研究者，我相信这样的设想。因为敌害总是可以想办法躲避的。大海那么宽阔，难道找不到一个角落避难吗？即使敌人在后面追赶，前面也总还有广阔的出路嘛。你抓住一条两条，总还有许许多多逃生。再说了，你抓得多，我生得多。还可以依赖大量繁殖的办法，维持种群的存在。可是气候环境变化就不一样了。环境一旦发生天翻地覆的剧烈变化，就找不到一个角落可以逃生。

唉，这真是狗急跳墙的一个活生生的翻版哪！人不被逼到绝路不会冒险，鱼不被逼到绝路也不会冒这样大的险。

得了，不管怎么说，总鳍鱼就是在那个时候爬上了岸，成为了不起的开路先锋，揭开了生物历史中最重要的一幕。

请看，在一个干涸的河滩上，有一条怪模怪样的鱼儿在用力挣扎着。它有两个背鳍，拖着一条长长的尾巴，正费尽气力支撑起胸鳍和腹鳍，在泥地上慢慢爬行着。每移动一步，都要张开嘴巴不住喘气，真是困难极了。

这是在死亡线上的挣扎，它不得不拼命往前爬呀。因为小河干涸了，河底几乎没有一滴水了。如果不赶快爬上陆地，找到另一个新的有水的地方，就只有死路一条。它可不是为了日光浴才爬到岸上来享受一下的。鱼儿没有水，就只有死路一条了。

噢，明白了，总鳍鱼是被环境的鞭子驱赶着上岸的。由于当时栖身的河流干涸了，不得不拼死挣扎，冒着危险去寻找另一个可以生存的水域。

总鳍鱼在抛弃干涸的水域，爬上陆地寻找新的居留地的过程中，可以想象必定有许多在爬行中干渴死了，却总有一些幸运儿最终取得了胜利。它们可能并没有如愿找到新的水域，一代代倒了下去，但它们却并没有停止这样的尝试。

一代又一代总鳍鱼上岸爬行，经过无数世代牺牲以后，逐渐改变了自己的身体结构，生长出适合在陆地生活的器官，演变成两栖动物了。

它们的腹鳍里长出了强壮的肢骨，可以像脚一样爬行。脑袋上长出了鼻孔，可以呼吸空气，使自己离开了水也能活下去。顽强的总鳍鱼终于适应了陆地上的生活环境。

总鳍鱼上岸是一件了不起的大事。说起来多亏了当时的环境大变化，逼迫它爬上陆地，才开创了一个新纪元，以后逐渐产生了包括咱们人类在内的各种各样的陆地动物，使生命的种子传播到广阔的陆地上。说起来，它可以算得上是陆地上所有的脊椎动物的老祖宗，应该好好给它颁发一个大奖章才对。

现代总鳍鱼

古生物学家原来以为总鳍鱼在7000多万年前的白垩纪就灭绝了，想不到1938年在非洲东南部的印度洋科摩罗群岛附近，竟捞起了一条活蹦乱跳的总鳍鱼的亲戚，同样属于空棘鱼类的矛尾鱼，又叫拉蒂迈鱼，一下子轰动了世界，让人们眼前一亮。

哎呀！原来它还是一种生活在深海里的活化石呢！

一些海洋活化石名单

除了总鳍鱼，大海里还有活化石吗？

有的！藏在大海水波下面，还有一些活化石呢。别瞧它们的个儿很小，看上去很不起眼，却也是从遥远的地质时期保存下来的活化石。

海绵：从5亿多年前的前寒武纪直到现在。

海豆芽：从4.4亿年前的奥陶纪保存到现在。

海胆：从4.4亿年前的奥陶纪保存到现在。

海百合：从4.4亿年前的奥陶纪保存到现在。

鲎：从3.5亿年前的泥盆纪保存到现在。

够啦，只消举出这些例子，就能够说明深深的大海里还存在着许多古老的活化石。有的我们习以为常，有的猛一看见会大吃一惊。大海啊，还会给我们什么惊奇呢？

当然，也得说明一下。这些古老的活化石保留到今天，已经大大改变了自己。如果上亿年前的生命直到现在还是老样子，岂不是怪事？

总鳍鱼的补充材料

总鳍鱼并不是一种鱼，而是硬骨鱼纲，是总鳍亚纲的许多化石种类的总称。最早出现在古生代泥盆纪，曾经有一个种类繁多、分布广泛的繁荣阶段，直到中生代的白垩纪才逐渐灭绝。其中包括长期以来被认为是四足动物祖先的骨鳞鱼。

仔细看，总鳍鱼的胸鳍和腹鳍的骨骼排列方式和青蛙的肢骨基本相同。有了这种强有力的鳍，就能支撑起身体，在陆地上爬行了。

小知识

中华鲟

生活在淡水里的中华鲟也是珍贵的活化石，被称为"水中大熊猫"，也是国宝级的保护动物。

鲟鱼起源于一亿年前的中生代，也是一种古老的脊椎动物。中华鲟的寿命很长，可以活一两百年。一般有三四米长，体重可以达到500千克。鲟鱼体内除头部有数块硬骨外，脊椎骨和颧骨统统都是软骨，全身没有"刺"。它的吻尖突出，身体呈椭圆筒形。它口前有触须，可以用来搜寻水里的食物。

近年来，长江里的中华鲟面临灭绝的危险。赶快行动起来，好好保护这种和大熊猫一样重要的活化石吧！

中华鲟

第十一章
拖着鱼尾巴的"蜥蜴"

名称：鱼石螈

地质时代：泥盆纪晚期

这是什么鱼？

怎么长着蜥蜴的身子，还伸出四只脚？

是呀！是呀！这的确是一个怪物。似乎为了证明自己不是鱼，它还迈着四条短短的腿儿，在地上艰难地爬来爬去呢。

鱼没有脚，也不会爬，这当然不是鱼啰。

这是什么蜥蜴，怎么拖着一条鱼尾巴？

是呀！是呀！这的确是一个怪物。好像为了表明自己和鱼有关系，它还生长着和鱼一样的鳃盖，身子也是侧而扁的，身上还覆盖了许多细细的鳞片呢。

蜥蜴没有鳃和鱼鳞，这当然也不是蜥蜴了。

这到底是鱼，还是蜥蜴？大自然怎么创造出这么奇怪的一个东西。没准儿是废品。要不，就是一种新产品。说对了，这就是一种划时代的新产品。

它生存在 3.5 亿年前的泥盆纪晚期，是一种介于鱼和两栖动物之间的过渡类型。

说得更加确切些，它比最早的鱼类晚，比最早的两栖动物早。它是从原始鱼类进一步发展，刚刚爬上陆地不久，最最原始的两

火蜥蜴化石

栖动物。这当然是大自然安排的一种"新产品"啰！

这到底是什么动物？

古生物学家说，它的名字叫作鱼石螈。

请注意，在这个名字里，有"鱼"，有"螈"，还有"石"。"鱼"不用说了。说起"螈"，就会联想起别名火蜥蜴的蝾螈。"石"和"螈"联系在一起，那就是在石头堆里爬来爬去的一种蜥蜴了。再想一下，似乎也能勉强和化石沾一点儿边。

说对了，鱼石螈就是这么一个玩意儿。古生物学家认为它是从一种提塔利克鱼进化而来的，和总鳍鱼有些相似。它的身子大约有 1 米长，有鱼类也有两栖类的特性，能够用肺直接吸取氧气。猛一看，好像是一条长了脚的现代鲇鱼。有趣的是，它不是 5 个脚趾，而是 7 个脚趾，你说稀奇不稀奇？

鱼石螈是陆地动物的先锋。如果你知道了总鳍鱼，就明白鱼石螈是怎么一回事儿了。

那时候，由于强烈的地壳运动，陆地面积扩大，气候也变得非常干燥。河湖干涸造成成批成批的鱼类死亡，几乎达到绝种的地步。为了求得生存，有的鱼用力挣扎着爬上岸，成为第一批两栖动物。鱼石螈就是这样的登陆先锋。它接过了总鳍鱼传递的生命接力棒，比总鳍鱼更加进步，因为它已经完全适应了新的生活环境，宣告了动物世界一个崭新时代的来临。

鱼石螈发现记

1929年，一位瑞典地质学家在冰封的格陵兰岛考察，发现了一些脊椎动物化石，其中就包括鱼石螈。人们对鱼石螈产生了很大的兴趣，由于它有四只脚，有人昵称它为"四足鱼"。后来在西欧、澳大利亚、中国和北美其他地方也发现了类似的化石，标本越来越多。经过科学家们反复研究，终于给它最后定性：属于脊索动物门、四足总纲。后又专门给它开辟了一个鱼石螈目、鱼石螈科、鱼石螈属，可算是特殊又特殊的了。

它的身体有鱼类和两栖类的双重特征，只不过是一种向两栖动物过渡的先锋，还不是真正的两栖动物。这也是需要给大家说清楚的。

过渡就过渡吧，生命发展史中就得有这样的过渡英雄。

波兰邮票上的鱼石螈

第十二章
装腔作势的二齿兽

名称：二齿兽

地质时代：二叠纪末至三叠纪

从前，地球上有一种奇怪的动物，如果谁遇见它，准会吓一大跳，心里直纳闷，这是什么古怪的玩意儿？

你看它，身子胖嘟嘟的，活像是一只大肥猪，更像是一个大啤酒桶。

你看它，尾巴很短，没有脖子，怪里怪气比猪还难看。

你看它，四条腿很粗、很短，活像是四根粗壮的木头桩子，支撑起肥胖的身体。

你看它，张开大嘴巴，从上颚骨伸出一对很大很大的牙齿，一副凶神恶煞的样子，叫人好害怕。

喂，朋友，如果你在山野里迎面撞见它，会不会吓得转身就跑，大喊救命？

哈哈哈！放心吧，这是生活在 2.3 亿年前古生代二叠纪末期的二齿兽。它比恐龙还高一个辈分，那时压根儿就没有人类的影子。除了在科幻电影中，否则你绝对不会遇见它，有什么好怕的？

再说了，它那一对大牙齿，似乎是用来作为装饰的，没有太大的实际用途。

不信，扳开它的嘴巴看，除了上面两颗大牙齿，上下颚骨都是光秃秃的，再也没有别的对应的下牙了。如果它想咬谁，还没有牙齿咬呢。

呵呵呵，原来这是一只不折不扣的"纸老虎"。除了一些胆小鬼，谁也不会怕它。

说了老半天，它到底叫什么名字？

因为它有两颗引人注目的大牙齿，古生物学家就叫它二齿兽。

其实，这是一种爬行动物，根本就不是我们熟悉的"兽"。

把它叫作"兽"，是一个天大的误会。

它的个头儿有大有小。虽然大的和牛一样大，小的却只有老鼠那么小。牛一样大的怪兽固然可怕，小老鼠一样大的怪兽就没有什么好怕的了，是不是？

二齿兽不咬人，吃什么东西呢？

古生物学家说，这是一种吃草的似哺乳爬行动物，有时候也抓一些小小的昆虫来填肚子。

哦，吃草。吃草也得要有牙齿呀！没有牙齿怎么吃东西呢？难道生吞活剥不成？是不是化石太少，研究得还不够清楚，留下一个难解的谜？

那两颗大牙齿是做什么用的呢？

这已经有结论了。原来当时的气候非常炎热，这牙齿是用来挖洞的特殊工具。藏在比较凉爽的洞里，避免火辣辣的毒日头暴晒，防备肉食动物的进攻，也是一个不错的办法。

哈哈哈！这是一个"胖工兵"啊！

请注意，这是似哺乳动物，不是真正的哺乳动物。这是爬行动物，根本就不是"兽"。它的脾气很好，不会伤害别人，看样子是一个难得的好好先生。

水龙兽

　　水龙兽是二齿兽的亲戚，与二齿兽生活在同一个时代。外貌和生活习性也差不了多少，大脑袋、短脖子，腰身像水桶，也靠吃草、抓小虫子过日子。有人说，它可以钻进水里，所以叫作水龙兽。有的科学家又认为这纯属误会，它只能住在陆地上。到底怎么样？让他们慢慢研究吧。

这种动物生活在大约两亿年前的三叠纪初期，分布非常广泛，包括南非、印度、南极大陆，以及中国的新疆。各处发现的化石非常相似，都属于同一个属，有的甚至还是同种呢！这表明当时这些地方连成一片，后来由于大陆漂移才分开的。

猛一看，它似乎很不起眼，可是傻人有傻福。在二叠纪末，地球上发生了一次生物大灭绝，95%的生物都在一系列火山爆发中消失了。可是它却幸存下来，几乎独自享受丰富的植物，度过了至少100万年没有任何天敌的"水龙兽时代"。想一想，100万年是什么概念，别说春秋战国以来的秦、汉、三国、南北朝和唐、宋、元、明、清，就是整个人类出现也不过两三百万年嘛。这个傻乎乎的水龙兽，可真有福气呀！

水龙兽头骨

第十三章
夹在岩石书页里的青蛙

名称：玄武蛙

地质时代：新第三纪中新世

有一个夏天的夜晚，南宋词人辛弃疾外出旅行，在一首《西江月》词中，描写眼前的夜色说：

> 明月别枝惊鹊，清风半夜鸣蝉。
>
> 稻花香里说丰年，听取蛙声一片。
>
> 七八个星天外，两三点雨山前。
>
> 旧时茅店社林边，路转溪头忽见。

"呱、呱、呱……"好一个"听取蛙声一片"，把青蛙的活动描写得活灵活现。

唐代大文学家韩愈，也有两句青蛙诗：

一夜青蛙鸣到晓，

恰如方口钓鱼时。

"呱、呱、呱……"青蛙一夜叫到天亮，好像活生生就在眼前。

哦，青蛙，我们再熟悉不过了。小孩子也知道，青蛙生活在池塘里、水田里……不管怎么说，总是生活在水里，或者靠近陆地的水边。

信不信由你，有一只奇怪的青蛙藏在一摞奇异的"书页"里，好不容易才被人们发现。

嘻嘻，别骗人了。青蛙不是书签，怎么会夹在"书页"中间？

这是一本什么书？是《哈利·波特》那样的魔法书吗？

不是的。这不是一本真正的书，不是普通的"书页"，而是一层层薄薄的古老岩层。我们要说的这只青蛙，就夹藏在这本"书"中，很薄、很薄的岩层里面。

这本"石头书"在山东省临朐（qú）县山旺这个地方，时代非常古老。根据地质学家的鉴定，属于新第三纪中新世时期，距今大约1200万年。其中，除了这只奇怪的青蛙，还有许多别的化石。包括各种各样的古生物化石十几个门类600多属种，共上万件之多，简直就是一个内容丰富的化石库。

哎呀呀！上千万年的青蛙，比人类还古老哇！

生物学家说，这可不是韩愈、辛弃疾诗词中描述的那些"呱、呱、呱"叫一个夜晚的普通青蛙，是所有青蛙的老祖宗，沉睡了上千万年的蛙。于是就给它取一个名字叫作玄武蛙。

瞧着这只古老的青蛙，人们不禁会问：为什么它生存在这儿？难道这里与众不同，有什么特殊的原因吗？

青蛙化石

　　是的，经过仔细研究，很快就揭开了这儿的秘密。原来当时这儿是一片湖泊，气候非常温暖潮湿。水里生长着许多硅藻，岸边布满了亚热带森林，是野生动物生活的乐园。一些动物陷进泥潭里，没法挣脱身子，活生生成为沼泽的俘虏。有的动物死后沉下水底，遗体越堆越多，逐渐积累成为珍贵的化石。经过长期演变，湖泥变成了硅藻土页岩。一层层薄薄的岩层，重重叠叠堆积在一起，就像是一本奇异的"大书"了。当地人给它取了一个恰如其分的名字，叫作"万卷书"。

　　这是一本了不起的"原始历史书"，翻开每一页，都有非常精彩的"插图"。

　　噢，那不是一般的图画，而是一个个真实的古动物标本。其中有鹿、獏、犀牛等大型动物，也有蝙蝠的翼膜、蜻蜓的翅膀、蜘蛛脚上的细毛、老鼠的胡须，以及蝌蚪、蝾螈等许多水生动物。

真是应有尽有，难怪被人们称为"天然化石博物馆"呢！

那只特别引人注意的玄武蛙也在这儿。它长着三角形的脑袋，张开两条大腿，前脚撑起，做出一副想往前用力一跳的样子，似乎它在岩石"书页"里住得太久，想用力一跳，从远古的历史里蹦出来，跳到我们面前似的。

它，就是鼎鼎大名的玄武蛙。它的外形已经和现在的青蛙们没什么差别了。如果这位青蛙爷爷真的苏醒过来，跳进池塘和别的青蛙混在一起，一起大声"呱、呱、呱"唱着传统的夜歌，韩愈、辛弃疾必定也没法分辨出来，把它也写进"蛙声一片"之中，谁能认出这是一只1200万年前的青蛙爷爷呢？

话说到这里，没准儿有人会问：这里只有这一只青蛙爷爷吗？

不，在山旺地区的"万卷书"中，人们还找到了许多蝌蚪和别的青蛙，证明那时候蛙类已经非常繁荣了。

玄武蛙的家谱

玄武蛙属于脊椎动物门、两栖纲、无尾目、蛙科的蛙属。

最早的三叠蛙

"山旺湖"里尽管有古老的玄武蛙,却还不是最早的青蛙。古生物学家在非洲的马达加斯加岛上,还找到了两亿多年前的三叠纪初期更加古老的青蛙化石,取名叫作三叠蛙。它和恐龙生活在同一个时代,却比恐龙幸运得多。它一代代遗传下来,经过了后来的玄武蛙阶段,一直演变成今天可爱的青蛙。它张开大嘴巴"呱、呱、呱"叫着,变成了韩愈、辛弃疾诗中一夜歌唱到天亮的青蛙歌手。

山旺"万卷书"之谜

山东省临朐县山旺地区的这个"万卷书",其实当地人早就知道了。根据1935年出版的《临朐续志》记载,这里的"尧山东麓有巨涧。涧边露出矿物,其质非石非土,平整洁白,层层成片。揭视之,内有黑色花纹。虫者、鱼者、鸟者、兽者……花卉者,不一其状,俗称'万卷书',唯干则碎裂,不能久存。"

这个一层层很薄很薄，不是石头，也不是泥土，一干就粉碎破裂的白色堆积物是什么？

那些虫、鱼、鸟、兽、花卉是什么？

"万卷书"到底是什么东西？

所有的这一切秘密，都等待着科学家来看一看才能下结论。

消息传出去，著名古生物学家杨钟健立刻前来山旺考察。这才弄明白，原来这儿是一个远古湖泊。那些薄薄的一层层灰白色堆积物，是古代硅藻土形成的特殊硅藻页岩。仅仅 1 厘米厚的化石，就包含了四五十层。其中有许多昆虫、蝌蚪、鱼、蛙和树叶、花瓣的化石。杨钟健发表了论文，1937 年再来进一步考察，又发现了哺乳动物的化石。山旺"万卷书"的名声立刻传遍世界。

这里的发现实在太重要了。1980 年，国务院决定在这里设立国家重点自然保护区。

恐龙时代

恐龙啊恐龙，一个神秘的庞大物种，人们对它充满了好奇。它最早出现在 2 亿 3000 万年前的三叠纪，灭亡于约 6500 万年前白垩纪晚期，曾称霸地球达 1 亿 6000 万年之久。

恐龙啊恐龙，你是怎样产生的？又是怎样灭亡的？

恐龙啊恐龙，你到底有多少个种类？在你所处的时代到底发生了哪些悲壮故事？

第十四章

不是鱼的鱼龙

名称：鱼龙

地质时代：三叠纪至白垩纪

常言道，神龙见首不见尾。龙啊龙，真神秘极了。

请问，谁见过龙？

人人都崇拜龙，可是谁也没有见过这种神秘的动物。好像大家都敬仰救苦救难的观世音菩萨，却没有一个人见过她的真容一样。

龙到底藏在哪儿？

俗话说，龙从水。

是呀！是呀！因为龙和水分不开，所以就有了四海龙王的概念，有了挥舞着龙灯求雨的古老习俗，也有了龙鱼不可分的认识。水不在深，有龙则灵。

你看，杜甫的诗中，就有"水落鱼龙夜，山空鸟鼠秋""鱼龙寂寞秋江冷"等句子。

另一个唐朝诗人也有"水月通禅寂，鱼龙听梵声"的名句。

南宋词人辛弃疾，在一首《水龙吟·过南剑双溪楼》的词中，刻画得更加生动：

待燃犀下看，
凭栏却怕，
风雷怒，鱼龙惨。

他在另一首《青玉案·元夕》中，还描写说：

宝马雕车香满路。
凤箫声动，
玉壶光转，
一夜鱼龙舞。

瞧哇，诗中的一个个鱼龙形象，被描写得活灵活现的。鱼龙、鱼龙，到底有，还是没有？到底是藏在我们的身边，还是另一个不可触摸的世界？

龙啊龙，真是神秘得不见首尾呀！

文学家说，鱼龙是一种想象的物体，浪漫主义的结晶。浪漫就是另一种存在，何必挖根刨底？简直多管闲事，扫了诗人的雅兴。

历史学家说，鱼龙只见于野史故事，正史没有记载。姑妄听之可以，太认真就不成了。

三家村冬烘老夫子正襟危坐说，子不语乱力怪神。鱼龙这个玩意儿，也是子不语的东西，休要乱了规矩。

地质学家说，鱼龙就是一种水生的恐龙，生活在中生代，曾

鱼龙化石

经统治当时的海洋，有化石可以做证。

哼哼哼，你说什么浪漫主义，正史、野史、子不语的道德规范，七嘴八舌似乎都自成一统。我们这里有实实在在的化石，就是最好的证据。信不信是你的事儿，地球可不因为你不相信就不转动就没有这一段历史。

请听，一段早已湮灭的鱼龙的历史吧。

那是遥远的古生代刚刚结束，中生代才开始的三叠纪，世界大洋里这种神秘的"海龙王"出现了。论起资格来说，它比后面要说的侏罗纪时期的一些陆地大霸王——许多威风凛凛的恐龙还早呢，应该算是恐龙世界的老前辈了。

鱼龙最早出现在大约 2.5 亿年前，比陆地上最早的恐龙稍微早一些。

喂，你知道这"一些"，到底有多长吗？

古生物学家不动声色，淡淡地说，不过是 9000 万年罢了。

听清楚了吗？不是 9000 年、900 年、90 年，更不是区区的 9 年。

哎呀呀！9000 万年前，别说是人类，连猴子、大象、狮子、老虎在内，所有的哺乳动物都没有出现，谈得上什么历史和文明的进程？

想一想，鱼龙比陆地上别的恐龙早出现这么长的时间，该是什么样的概念？

再想一想，为什么它比一般的恐龙早得多？

古生物学家说，这是环境决定的结果。经过了古生代末期，二叠纪大冰期以及大陆漂移的影响，暴露在地表的陆地环境发生了天翻地覆的变化，原来一些陆地动物不是灭绝，就是逐渐演化来适应新的环境。其中有一些实在受不了的，只好退回水里，寻找新的出路了。

俗话说，识时务者为俊杰。鱼龙就是这样识时务的俊杰。它以退为进，在大海开辟了广阔的新天地，成为不折不扣的一代海洋霸王。

为了适应水里的生活，它的形态和陆地恐龙大不相同，也不同于比较早的海生幻龙。

你看，它的身体已经演化成流线型，四肢从最初的鳍状肢，逐渐演化成为前鳍和后鳍。它伸出又长又尖的嘴巴，长满锋利的锥状牙齿，用来捕食猎物、咬碎坚硬的贝壳。猛一看，似乎和海豚一模一样，不过个儿却大得多，它可以达到 10 米至 15 米长。在南美洲甚至发现了 21 米长的骨骼化石，可以和今天的巨鲸相比。

鱼龙啊，鱼龙，真了不起！如果辛弃疾再"待燃犀下看"，它可一点儿也不惨。

幻 龙

幻龙是和鱼龙大致同一个时期的另一个"海龙王"。和鱼龙不同的是，它还保留着发达的四肢，可能会爬上岸捕食、产卵，该算是一种两栖的龙了。它的体形大小也有很大的差别，最大的有 6 米长，最小的只有 36 厘米。它长着长脖子、长尾巴，大大的嘴巴里排列着锋利的牙齿，看起来也很厉害呢！

幻龙化石

第十五章
尼斯湖怪的嫌犯

名称：蛇颈龙

地质时代：三叠纪至白垩纪

呵呵，尼斯湖怪，满世界闹得沸沸扬扬的，谁不知道这个玩意儿。

蛇颈龙

蛇颈龙化石

据说，在苏格兰北部的尼斯湖里，钻出一个古怪的水怪。它的个儿大得惊人，长着一个长长的脖子，伸出小小的脑袋，在水波里时隐时现，把人们糊弄得傻乎乎的，惊奇得不得了。

这是真的吗？

人们说，当然是真的。尽管神龙见首不见尾，却有许多人目睹它的身影。

有人一本正经宣布，看见了它的背脊；有人补充说，瞧见了它的脖子、脑袋；还有人说，连它那船桨一样划水的四肢也看得清清楚楚。所有的印象拼凑在一起，就勾画出一幅完整的图像。

哎呀呀！想不到这竟是一只活生生的蛇颈龙呀！

蛇颈龙生活在中生代开始的三叠纪，到这个时代结束的白垩纪，是和陆地上的恐龙同时代的古老动物。在白垩纪晚期达到顶峰，几乎全世界所有的海洋和一些湖泊中，都有它的踪迹，但是现在早就灭绝得一干二净了。如今忽然在这儿冒出一个，无拘无束地展示出身影，面对无数望远镜、照相机、摄影机、声呐定位仪等各种各样仪器的搜寻，演绎出一段段离奇的故事，岂不是比《侏罗纪公园》还更加"侏罗纪公园"的一个现代神话？

热衷于这个现代神话的人，编造了无数荒诞的谣言，提出许许多多"证据"，用这些似是而非的东西欺哄自己，蒙骗整个世界。

有人信誓旦旦地宣布自己是目睹者；有人用石膏制作脚印模型，偷偷印盖在湖边的小路上，声称这是"湖怪"上陆地散步留下的；有人甚至用洗衣机排水管、泡沫塑料桶拼凑在一起，拍摄了一张假照片，投送到报社后，产生了意想不到的轰动效应，使得这个普通的地方一下子蜚声全球，几乎家喻户晓。真是花样百出，无奇不有。

不消说，这样的奇闻吸引了无数好奇心强的游客，一批批蜂拥而至，繁荣了当地的旅游经济。当地大多数居民似乎也难得糊涂，乐得哈哈一笑不置可否，让这个古怪的现代神话传播出去，流传得越远越好。可是这一切却骗不了严肃的科学家，科学家们说什么也不相信这件怪事。

那些谣言的制造者和传播者似乎忘记了一个基本事实。蛇颈龙只能在水里活动，压根儿就没有脚。虽然也能像现代海豹一样，可以爬上岸短暂休息和躲避敌人，但它绝对不能上岸活动，怎么可能在陆地上留下脚印呢？

2003 年 7 月 16 日出版的英国《每日电讯报》报道，有一个潜水者在尼斯湖中发现 4 根椎骨化石。经研究，属于一只高约 8 米的蛇颈龙，生存在侏罗纪至白垩纪期间。有人认为这就是尼斯湖怪的祖先，可以作为湖内有同类生物的证据。但是二者年代相距遥远，只能认定当时有蛇颈龙存在，还不能够当成是现代同类"湖怪"存在的直接证据。

2009 年，英国考古学家在英吉利海峡的海滨城市莱姆里杰斯，著名的"侏罗纪海岸"发现了蛇颈龙的化石，证明这种神秘的海洋动物当时的确在这儿活动过。有趣的是，在它的骨骼上残留有其他凶猛动物的牙齿印痕，很可能是被一只鱼龙袭击而丧生的。

话说到这里，人们不禁会问，神秘的蛇颈龙到底是什么样子？

它的脑袋很小，脖子很长，身子又宽又扁，四肢长得好像是船桨，划水非常方便。它的牙齿很锐利，是凶猛的肉食动物。说它像海豹，却伸着长长的脖子；说它像长脖子马门溪龙，却没有粗壮的脚，而是四只肥肥的划水的鱼鳍。一位古生物学家描述它的形态说，好像是一条大蛇，贯穿在一个乌龟的身体里面，真形象极了。

有趣的是，在澳大利亚发现的一种蛇颈龙化石，胃部竟藏着135块鹅卵石。古生物学家认为这些特殊的"胃石"具有两种稀罕的功能，既可以磨碎坚硬的贝壳帮助食物消化，也能减少浮力迅速下沉。

蛇颈龙和鱼龙一起统治着中生代的海洋，是当时海洋的主人。

尼斯湖

尼斯湖是苏格兰著名的湖泊，英国第二大湖。它长35千米，面积56平方千米，最大深度213米。这是一个沿着一条北北东—南南西断裂带发育生成的断陷湖，深深嵌入在高原中间。通过一些小河、湖泊和人工开凿的运河，尼斯湖可以和两侧的北海、大西洋相通。

尼斯湖怪的骗局

这个所谓的"湖怪"是真的吗？请看一些揭露的材料吧。

关于这个"湖怪"，最坑人的证明是一张有名的"外科医生照片"。

这是1934年《每日邮报》所发表的被认为最经典的照片。据说，这是伦敦一位受人尊敬的妇产科医生罗伯特·肯尼斯·威尔逊拍摄的。他十分谨慎地声明，自己只不过拍摄了"湖里一些不平常的东西"而已。这张照片里显示出一根高高昂起的长脖子，托着一个小脑袋，这成为尼斯湖怪的经典形象。正是由于这张照片，人们才把传说中的湖怪想象为蛇颈龙，从而鼓起了一轮新的"尼斯湖怪热"，使许多支持者信心大增，许多怀疑者哑口无言。

尼斯湖调查局的一位负责人艾德里安·夏因评价说："它实在太完美了，要么是尼斯湖里确实存在的动物，要么就是一个谎言。"

他的预言说中了。后来终于揭露出来，这是一个恶作剧。原来，《每日邮报》为了在新闻宣传上不输给对手，1933年12月大肆宣扬，并聘请了一位大名鼎鼎的"猎手"——电影导演马默杜克·韦瑟罗尔到尼斯湖追踪湖怪。几天内，这位导演就宣布在水边发现了一个奇怪的脚印，声称就是湖怪留下来的。他的发现惊动了所有的人，《每日邮报》大出了一阵风头。谁知好景不长，不到一个月，谎言就被揭穿了。大英博物馆动物学家研究后指出，所谓的湖怪脚印，是一个用石膏做好的河马脚印的标本，压根儿就和尼斯湖怪没有半点儿关联，这使《每日邮报》丢尽了脸。于是，《每日邮报》便怪罪韦瑟罗尔，并毫不客气地抛弃了他。为了报复，他和两个儿子一起，做了一个假的蛇颈龙模型，拍摄了这张照片。他暗暗说："好的，你们不是想得到湖怪的证据吗？我就再给你们做一个吧。"为了使人们相信，他请一位平常就喜欢恶作剧的朋友——妇产科医生罗伯特·肯尼斯·威尔逊出面公布。这位医生在工作中的确以严谨著称，可是人们却不了解他的性格中还有爱开玩笑的另一面。照片刊登出来，一下子轰动了整个世界。最后骗局被揭穿了，他和爱开玩笑的威尔逊医生受到了公众的严厉谴责。

另一张假照片是 1960 年 4 月 23 日航天工程师丁思戴尔拍摄到一个奇怪的"巨大的三角形隆起物"。他描述说，它很像是一座小岛，也像一只底朝天的小船，却在湖心缓缓移动着。他认为这就是传说中的湖怪。这张照片也引起一阵轰动，许多人都相信这是真的。

尼斯湖怪的假新闻图

后来，人们认真分析，这可能是一只小渔船。事实上，那天的确有一个农民开着一只发动机露在舷外的船，在丁思戴尔拍摄的位置穿过尼斯湖。丁思戴尔被光学现象所欺骗，一时神经过敏认错了，那根本就不是什么湖怪。

还有一张所谓《湖怪》的经典性照片，是 1972 年发表的，宣布拍摄到蛇颈龙的一个巨大三角形的鳍。后来也被揭露，是一位热情过度的杂志编辑用喷漆器修饰出来的。

1970 年 8 月，有人把一台水下定时照相机安装在水下，拍摄到一个可疑的不明物体，像是一个怪兽脑袋。后来经过潜水员核实，原来是一个古怪的树桩，根本就不是想象中的湖怪。

信不信由你，这儿还有一个英国白人巫师协会，抗议一支以瑞士科学家简·萨德伯格为首的考察队，反对他们使用新型多波段声呐定位仪和声控摄像机，加上一张大网，对尼斯湖怪进行代号为"彻底清查"的考察行动。该考察队准备抓捕传说中的湖怪，对其采取 DNA 样品进行研究。这个巫师协会的大祭师凯文·卡龙指责考察队冒犯精灵。他出于"义愤"，诅咒考察队不得成功，对尼斯湖念了咒语，保护湖水和水底妖精不受侵犯，演出了一场活生生的闹剧。

一张张假照片和一个个谎言被一一揭穿。1971 年，为调查湖怪专门设置的尼斯湖调查局，也悄悄地关上了大门。

第十六章

天空中的飞龙

名称：翼龙

地质时代：三叠纪至白垩纪

龙在哪儿？

古人说，龙在天上。不也有什么"飞龙"的说法吗？

李白写过两首诗，就叫作《飞龙引二首》。他在《飞龙引·其一》中说：

> 丹砂成黄金，骑龙飞上太清家。
>
> 云愁海思令人嗟，宫中彩女颜如花。

他在《飞龙引·其二》中又说：

> 后宫婵娟多花颜，乘鸾飞烟亦不还，骑龙攀天造天关。
>
> 造天关，闻天语，长云河车载玉女。

瞧，诗人可以骑着龙飞上天，听天上人说话。比今天乘飞机还方便，多么逍遥自在呀！

康有为也有两句诗："龙飞云天外，骏马自行空。"他把天上的龙譬喻为地上的马。

所有这一切，全都说明一件事：在古人的心目中，龙是可以飞升上天的。广阔的天空，就是它自由自在翱翔的地方。

请问，谁真的见过龙在天上飞？就是诗仙李白本人，也说不清这个问题。浪漫的诗篇就是浪漫，谁也不能信以为真。

信不信由你，在地球的历史中，真有天空中飞翔的龙，叫作翼龙，又名翼手龙。说起来出身不凡，它可是赫赫有名的恐龙家族的亲戚。虽然仅仅是边缘化的亲戚，可也身价百倍了。仅仅凭着这一点，在后世人们的眼中，就非常了不起。不管怎么说，总

翼龙

翼龙化石

也沾了一个"龙"字，和李白吟咏的飞龙好像是一回事儿了。

但是……

但是什么呢？世界上许多事情，起初说得很好很好，常常就在"但是"这个词儿后面拐了弯，一下子就变了味。

翼龙虽然能够飞上天，来历却有些寒碜。好像豹子头林冲似的，一开始竟是被逼上梁山的。虽然后来这位林教头叱咤风云，成为好汉中的好汉，谁也不敢在战场上招惹他，可是以前却有一段不堪回首的经历，说起来怪辛酸的。

翼龙也是一个样，也是被逼迫得实在没有办法，才扑腾扑腾飞上天的。

原来，它最初的个儿不大，在凶神恶煞的强敌面前，只能躲避逃跑，不敢居住在肥沃的原野和河湖旁边，和强势的恐龙亲戚住在一起。为了争取生存的地盘，它只好躲得远远的，生活在高高的山崖上，或者其他偏僻的地方。敌人追赶的时候，它就被吓得屁滚尿流，张开前肢不停地使劲拍打着加快速度拼命奔跑，躲到高处和远处。有时它还会抓着树枝爬上树，用后肢的脚爪紧紧抓住树枝，像蝙蝠一样倒吊在树上休息。很可能就是这样发展下去，在它的前肢趾骨之间的皮肤膜，生长出了薄薄的皮膜，逐渐发展成为特殊的翅膀。

翼龙有了翅膀，就能飞上天空。它逐渐从低到高，由近而远，飞翔的本领越来越高明，终于成为原始天空的主人。请看，它的这个发展过程，岂不是和林冲被逼上梁山有些大同小异呢？

随着能够飞翔的皮膜的出现，它的身体其他部分也跟着发生改变。头上长出了尖尖的喙，有的还有锋利的牙齿，用来咬碎猎物的骨头。有的脑袋上还有怪里怪气的头冠，看起来像孔雀一样。

翼龙常常生活在湖泊、浅海的上空，高高俯瞰下面的情形，一旦发现食物，就像鹰一样俯冲下来，抓捕鱼儿和其他小动物填饱肚子。有的翼龙也吃草，是抓着什么就吃什么的杂食动物。

这种飞龙大小不一，差别很大。

大的张开翅膀超过 12 米，牙齿有 10 厘米长，加上又长又大的尖嘴，是名副其实的空中霸王。其中最大的一个翼龙化石，两翼展开达到 16 米，几乎相当于一架 F-16 歼击机了。

小的两个翅膀展开，却只有 25 厘米长，和一只喜鹊差不多。

第十七章
一幅恐龙时代的追捕图

名称：气龙、棱齿龙

地质时代：侏罗纪

啊，恐龙！

听着这个名字，人们准会吓得要命，以为所有的恐龙都非常恐怖，一个个都是惹不起的无敌大霸王。要不，为什么它们的名字都带着一个"恐"字？感谢上天，多亏我们没有生活在那个时代，没有和那些可怕的恐龙天天打交道。

恐龙真的全都很厉害，一个个都是凶神恶煞的吗？

不，才不是这样呢。

在恐龙世界里，虽然有的不好惹，是人见人怕的大霸王，有的却很可怜，一天到晚提心吊胆、可怜巴巴地过日子，谈不上半个"恐"字。

为什么会这样？

因为有的恐龙大，有的恐龙小；有的吃肉，有的吃素；有的不管荤素，只要能填饱肚子就成。个子大小和习性不同，就决定了它们的强弱关系和生存地位。

那时候没有猪哇羊的，连小兔子也没有，只有大大小小、各种各样的恐龙。凶狠的大恐龙要吃肉，只有恐龙吃恐龙，抓别的恐龙当饭菜了。

唉，这些可怜的小恐龙，连兔子也不如。逮兔子的大灰狼、红毛狐狸什么的，抓不了兔子，还能抓老鼠和别的小动物。凶狠的大恐龙要吃肉，就只有抓这些吃不了肉、只能吃树叶和草的小恐龙了。想一想，那些吃素的小恐龙，日子多么难过呀！

你不信吗？这样的例子有的是。

在四川自贡恐龙博物馆的展厅里，展示出一个惊心动魄的场景。一只大个子建设气龙，气势汹汹追赶着几只小个子多齿盐都龙。

自贡恐龙博物馆
展厅

喝水的剑龙

后面大步流星追赶的建设气龙，大脑袋、短脖子，拖着一根长长的尾巴，模样儿非常可怕。

你看它，眼睛里放着凶光，贪婪地盯住在前面逃跑的盐都龙，龇着又扁又尖的牙齿，好像是锋利的匕首，伸出两只带钩的前爪，恨不得一把就抓住猎物。如果被它抓住，可就没有好下场啦！

再仔细一看，它的牙齿结构非常复杂，又扁又尖，好像是锋利的匕首，一口咬住猎物，猎物就没法挣扎逃命。这些牙齿边缘还有许多细小的锯齿，就像是锯子似的，用来撕裂肉块再好不过了。

前面逃跑的盐都龙，脑袋小，嘴巴短。又大又圆的眼睛里充满了恐惧，生怕被恶狠狠的对手抓住，一个个没命似的飞跑，不敢回头看一眼。

又一看，这些逃跑者和追赶者一样，都是前肢短小，后肢又粗又长很有力气，两条腿跑得飞快。这一场追捕和逃跑的游戏，就看谁跑得更快了。生与死，都由自己和对手的速度决定。

不消说，这是人们特意布置的场景。前后追赶和逃跑的都是恐龙化石，并不是活生生的恐龙本身。走进这个博物馆，瞧见这一幅生死追逐游戏图的观众，没准儿都会想到两个至关重要的问题：

一、这些可怜的盐都龙，逃脱那些建设气龙的魔爪了吗？如果没有，它们就注定没有好下场了。

二、这些凶恶的建设气龙，能顺利抓住猎物吗？如果没有抓住，它们也注定了要饿肚子。饿得实在没有办法，也不会有好结果。

哦，这岂不是和现在的丛林法则一个样儿？原来追捕和被追捕的故事，一直都在自然界里上演着。恐龙之间也不例外，也是弱肉强食的世界。

棱齿龙跑得快的秘密

棱齿龙是恐龙时代的快跑健将。

古生物学家怎么发现它跑得快的？原来是它的股骨和胫骨泄露了秘密。

恐龙时代已经消逝了几千万年，当然没法观测它们的奔跑速度。可是用现代动物做比较，就可以大致推想出来了。

股骨就是大腿骨，胫骨就是小腿骨。你看，跑得快的羚羊、鹿和马，股骨和胫骨的比例都很大。跑得慢的大象、河马，股骨和胫骨的比例都很小。大象的股骨和胫骨的长度比值只有0.60，马是0.92，羚羊是1.25。棱齿龙中的多齿盐都龙竟达到了1.18，似乎比马跑得快，只比羚羊差一丁点儿。如果这样推算，它可以算是恐龙世界的快跑能手了。

气龙和棱齿龙

　　这里说的建设气龙是气龙的一种。严格说，它在恐龙世界中，并不是真正的"巨人"，个儿比它大的恐龙多的是。它的身子还不到 4 米长，大致相当于一辆普通轿车的尺寸。可是它的重量就比轿车轻得多，一般只有 130 多千克，只能算是一种小型的原始肉食性恐龙。

　　多齿盐都龙属于棱齿龙的一种，个儿大小不一。大的有微型汽车那么长，小的只有 1 米左右，连自行车都比不上。它们往往成群结队生活在一起，身上长有和周围树林一样的保护色。一听见敌人的声音，它们立刻像风一样拔腿就跑。

　　气龙和棱齿龙都是两足行走的鸟脚类恐龙，只不过一个吃肉，一个杂食罢了。后者为了逃命，当然跑得快些，是一种善于快跑的杂食性恐龙。

建设气龙骨架特写

杂食性小恐龙，除了吃苏铁一类的植物，也喜欢开荤。它们吃的是一些原始昆虫和蜥蜴，也算是吃肉啦。

恐龙家族还有许多怪里怪气的成员，一时说也说不完，让我们再看几个例子吧。

古生代二叠纪早期的盘龙算一个。这是最原始的"龙"。背上耸起高高的"船帆"一样的结构，皮下布满了血管。可以用来快速吸热和降温，一点儿也不比今天的一些家用电器差。

南半球发现的二叠纪中龙也算一个。它生活在浅水沼泽里，嘴长，身子细长，尾巴、四肢也很长。能飞快地窜来窜去，是当时淡水中的霸王。

进入中生代的三叠纪，像狗一样大的始盗龙、丁字龙也有自己的特点。

侏罗纪的剑龙，从脖子、背脊到尾巴上，长满一排尖锐的骨板，尾巴上还有锋利的尾刺。一看就是一个惹不起的家伙。

白垩纪的鸭嘴龙，长着鸭子一样的嘴巴，吃草特别利索。甲龙除了肚皮外，全身都长满坚硬的骨板，用来保护自己，比乌龟壳还管用。窃蛋龙有尖尖的利爪，行动非常敏捷，像袋鼠一样用长尾巴保持身体平衡，在草原上跑起来很快。

霸王龙

霸王龙来了。

哎呀！听这个名字就怪吓人的。霸王龙是恐龙中最强大、最恐怖的一种，名副其实的残暴"蜥蜴王"。它属于暴龙科中个儿最大的一种，有人干脆就把它叫作暴龙。它体形粗壮，个子很大。谁遇见它，算是倒了大霉了。

雷克斯暴龙，又名霸王龙，好在它出世比较晚，直到白垩纪晚期才出现。要不，准会把许许多多别的恐龙都吃掉了。

凶猛的霸王龙

第十八章
从成都理工大学的校徽说起

名称：马门溪龙

地质时代：侏罗纪

每个学校都有自己的校徽。成都理工大学的校徽，从前是马门溪龙的图案。

为什么当时我们选用它作为校徽？因为这是全国最大的恐龙标本，是我们的博物馆内无可替代的镇馆之宝，国家地质公园也采用它作为特有的标志。所以当时我力主选用它作为校徽图案，这款校徽使用了很长时间。

说起"马门溪龙"这个名字，和一个筑路工程，也和地方口音的误会有关系。

1952 年，在四川盆地西南部，宜宾市柏溪地方，金沙江马鸣溪渡口附近，正在修筑一条公路，开凿江边岩石

成都理工大学原校徽

马门溪龙

的时候，发现了一些巨大的古脊椎动物化石。经过著名古生物学家杨钟健院士仔细研究，认为这是一种过去世界上还没有发现过的新的恐龙品种，就根据发现地点命名的原则，把它叫作马鸣溪龙。

马鸣溪龙就是马鸣溪的龙，怎么叫成了马门溪龙？莫非它本身还有自己的要求，就像一些人觉得爸爸妈妈取的名字不太好，非得改一个字不可吗？

当然不是的。

原来这和杨钟健老先生的口音有关系。他说的是家乡陕西话，别人一听就把"马鸣溪"听成"马门溪"，"马鸣溪龙"也就变成"马门溪龙"了。往后约定俗成，大家就这样叫了下去。

又因为这是在新中国成立后的建设工地上发现的，按照双名法的规定，又给它取了一个种名，叫"建设马门溪龙"。

我们都知道，生物科学的命名体系，从大到小是门、纲、目、科、属、种几个等级。以马门溪龙来说，有一个马门溪龙科，下面又分马门溪龙属、峨眉龙属两个"属"，马门溪龙属再往下的建设马门溪龙就是其中的一个"种"。有了这样严格的划分，就把它在学科体系中的地位确定下来了。我们笼统说马门溪龙的一个标本，只不过是具体地方的某一个种而已。

第一个马门溪龙化石发现后，相同的个体一个个接着被发现，就有了以后的井研马门溪龙、合川马门溪龙、安岳马门溪龙、甘肃马门溪龙，以及中国和加拿大科学家联合发掘的中加马门溪龙等。不消说，这都是在不同地方发现的不同的"种"，一下子没法说完。真是洋洋大观，看得人眼花缭乱。

陈列在成都理工大学博物馆里的马门溪龙标本，是1957年在合川县太和镇附近的古楼山上发现的。

这可是一个了不起的大家伙。仅仅在发掘的时候，化石标本就装了整整40大箱。值得一提的是，这些化石标本除了缺少头骨和前肢，其他每一块小骨头都保存得好好的。后来用甘肃永登县海石湾的同一种标本补充复原后，这个大家伙就相貌堂堂屹立在博物馆里了。

你看哪！它的身子有22米长、3.5米高。昂起脖子，抬起脑袋，可以达到11米，伸进4楼的窗户里。猛一看，好像一个大吊车。如果它平伸着脖子，比一节火车车厢还长。它是陆地上最大的动物，估计有三四十吨重，也是亚洲最大的恐龙。大象和长颈鹿与它相比，简直就是小巫见大巫。

值得注意的是，这么一个庞然大物，脑袋直径却只有半米大小。人们不禁会问，作为神经中枢的脑袋，小得简直和身体不成比例，怎么能够指挥全身活动？准是一个大笨蛋。有人说，在它的脊椎骨上，还有一个神经球，好像是特殊的"后脑"，具有中继站的作用，和小脑袋一起支配全身运动。是不是这样，就得进一步研究了。不管怎么说，它不是一个行动敏捷、非常灵活的动物，这是可以基本肯定的事实。

仔细数一数，它的整个脊柱有 19 个颈椎、12 个背椎、4 个荐椎和 35 个尾椎骨，这些骨头连接成一条完美的曲线，支撑起整个沉重的身体，使美学和力学在这里达到最完美的结合。

成都理工大学博物馆里有许多恐龙标本，这是其中最大也是最美的一个，令人无限景仰，望而生畏。我的小孙子在上幼儿园小班的时候，从来也不敢进博物馆，就是被这个可怕的"恐龙爷爷"吓住了。

哦，别怕它。它生活在遥远的侏罗纪时代，那时候人类压根儿

甘肃省博物馆的
马门溪龙化石

还没有出现，怎么可能咬人呢？话说回来，即使谁真遇着了这个看起来怪吓人的"恐龙爷爷"，只要没有被它踩一脚，也没有什么关系。因为马门溪龙是吃素的动物，不是开荤的混世魔王，没什么好怕的！

瞧着这么巨大的恐龙，没准儿有人还会纳闷：这么一个大家伙，慢吞吞走路很不方便，怎么过日子呀？

放心吧。请别为古人担心，也不必为更加古老的恐龙担忧。天生这个玩意儿，自然有它生存的办法。

有人说，虽然它也在陆地生活，一生的大部分时间却泡在湖泊里，利用水的浮力，就能大大减轻活动的障碍。不消说，在水里还能寻找大量食物，也能躲避凶猛敌人的伤害。在成都理工大学博物馆的展厅内，就用一幅巨大的壁画作为衬托，展示它在浅水湖沼中的生活情况。不需要过多的解释，参观者一眼就看明白了。

噢，这个巨无霸般的马门溪龙，原来是一种特殊的"水龙"啊！学校里有一个餐厅，我联想起一个著名的词牌，就取名叫作"水龙吟餐厅"，给咱们的马门溪龙也涂抹一些文化的色彩。

现在成都理工大学的校徽还是马门溪龙吗？

不，它已经采用象形字图案以及英文字母式的组合办法，设计出一个新的标志，好像大街上流行的现代商标符号，代替那条难忘的恐龙了。我还惦记着本校所拥有的、独一无二的马门溪龙。出于地质工作者的特殊感情，所以在自己的名片上，依旧还印上这个令人无限怀念的标记。

成都理工大学新校徽

是呀，这是对一种龙的怀念，请允许我写在这本书里吧。

蜥脚类恐龙

　　马门溪龙是蜥脚类恐龙的一种，生活在 1.4 亿年前的侏罗纪晚期。脑袋小，身子大，长脖子，长尾巴，专门吃植物，是它们的共同特点。它们不仅吃湖沼中的水生植物，还能像长颈鹿一样，伸长脖子吃高大树木上的嫩叶。有人说，它们的一生都在长个子，永远也不停止。所以越长越大，成为恐龙世界里的"巨无霸"。陈列在自贡恐龙博物馆内的蜀龙、峨眉龙、马门溪龙，就是最主要的代表。

为什么四川盆地是著名的"恐龙之乡"

　　四川盆地有"恐龙之乡"的美誉，包括曾经位居"亚洲第一龙"的合川马门溪龙在内，许多恐龙化石在这里被发现。

　　为什么这儿的恐龙特别多？难道这里得天独厚，是恐龙最喜欢生活的地方吗？

　　不，不是的。并不是这里恐龙生活的条件特别好、恐龙聚集特别多，而是由于这里的中生代地层分布特别广泛。这里是有名的红色盆地，几乎到处都是紫红色的侏罗纪岩层、砖红色的白垩纪岩层。恐龙就生活在这个时代，发现它们化石的可能性当然就最大了。在我国境内，准噶尔盆地、内蒙古、宁夏等地，也有许多恐龙化石出土，统统和到处出露的中生代地层有关系。

　　除了这些地方，还有潜在的"恐龙之乡"吗？

有哇！一句话，说白了，中生代是恐龙的时代，当时几乎到处都有这种庞然大物分布。只要有中生代地层分布，就有可能发现珍贵的恐龙化石。

依我看，陕甘宁以及山西黄土高原下面，也可能藏着许多恐龙化石呢。不信，请钻进一条条深深切割的黄土沟，就能发现底部露出的岩石，不是侏罗纪就是白垩纪的地层，怎么不可能含有恐龙化石呢？我在这些地方考察的时候，曾经一次次仔细寻找。可惜露在外面的岩层不厚，一时不能发现它的踪迹。但是我深深相信，这儿必定也有同样的恐龙化石分布，只不过被巨厚的黄土压盖在下面而已。以山西来说吧，这儿的地下到处有煤和文物，没准儿还有许多未知的恐龙化石，只不过一时还没有发现而已。

我们是不是可以来一个逆向思维？不仅仅从恐龙化石本身去找它们，是不是可以先圈划出可能含有化石的地层，再进一步仔细寻找化石呢？

黄土高原地貌
航拍图

第十九章
话说图腾龙

咱们都是中国人，咱们都是"龙的传人"。

请问，这话是什么意思？

是不是我们都是龙的后代？

是呀！是呀！这话只能这样解释。

请问，这个说法是怎么来的？

我们熟悉的人类进化史，从来都说的是"从猿到人"，怎么一下子变成了"从龙到人"？难道进化史发生了彻底改变？

不是的。这话说起来，就得从"龙"是什么玩意儿慢慢说起了。

"龙"啊"龙"，神秘的"龙"，真是朦朦胧胧，叫人好糊涂。

有人猜，这是不是远古部落的图腾？

让我们仔细翻查这些部落有什么图腾吧。

传说黄帝集团有熊、罴、貔、貅、貙（chū）、虎6个部落，可就没有"龙"部落。

来自南方的蚩尤集团，组织非常庞大。据说蚩尤有81个铜头铁脑袋、野兽身子的兄弟。可惜记录不全，不知道到底有81个什

北京故宫博物院紫禁城宫殿龙图腾元素

么野兽的图腾。

东方的少昊集团是鸟图腾，太昊集团是蛇图腾。

有人说，炎帝集团用的是龙图腾，可是又有人说是羊图腾。就算在这个集团有一个部落的图腾是"龙"，看来也不是这个部落共同的特有象征。

"龙"啊"龙"，神秘的"龙"，的确有些朦朦胧胧。

说起它的来历，得要追溯到遥远的新石器时代。

在辽宁阜新出土了一幅用砾石摆出的"龙"图案，距今大约7000年。考古学界说，这只"龙"属于新石器时代的"辽西文化"。古人类学家说，人类起源悠久，有好几百万年，七八千年算得了什么，不能算是最古老时代的象征。

在河南濮阳一个新石器时代遗址里，也有一条用贝壳摆放的"龙"，距今大约6000年，属于仰韶文化前期的遗物。

此外，在辽宁丹东后洼遗址、山东大汶口文化遗址、河南仰韶文化遗址，甚至南方长江中游的湖北屈家岭文化遗址、长江下游的良渚文化遗址等许多地方，都有"龙形"的文物出土，全都比黄帝时期早得多。从北到南分布非常广泛，也不是黄帝集团和炎帝集团固有活动的地方。看起来"龙"这个东西，不是某一个部落集团独有的图腾和象征，而是非常广泛的分布。

"龙"啊"龙"，神秘的"龙"。

"龙"到底是什么东西？

别瞧它的名字带着一个"龙"字，就以为它和恐龙是一家的。其实它根本就不是恐龙的亲戚，也不是别的什么动物。走遍全世界的动物园，考究了世界上每一种动物，也甭想找到答案考证出它的家谱。道理非常简单，因为这纯粹是人们想象出来的，从古到今压根儿就没有这种动物。

首先，这不是电影《侏罗纪公园》中的那种恐龙。

恐龙生活在 6500 万年前的中生代，人类还没有出现，怎么可能拉扯上"龙"这个图腾象征的东西？

"龙"啊"龙"，神秘的"龙"。

为什么这个根本就没有的动物，会变得这样神秘兮兮？

那是人们心目中的神秘感造成的。古时候，当人们瞧见一些稀罕的动物，就会把它当作"龙"。

有人说，鳄是"龙"的原型。

这话有些道理。你看，扬子鳄的样子，岂不就有一些像传说中的"龙"吗？

怪模怪样的鳄鱼非常凶猛，瞧着就使人害怕。平时它藏在水里，每当雷雨来临的时候，它在水里憋着很难受，就会一身湿漉漉地钻出来。紧接着天空中雷鸣电闪，使人觉得它仿佛是和雷电一起诞生的，又好像能够随着闪电飞上天空，更加增添了神秘感，人们就把它想象成"龙"了。

古时候，鳄在中国东部分布非常广泛，无论是黄河还是长江流域都有它的踪迹。5000 年前河南仰韶文化中，庙底沟类型的一块陶片上，就留下了一个栩栩如生的鳄的立体造型。5300 年前湖北屈家岭文化中，一个陶盘上也画着一个扬子鳄的脑袋。可见当时不管北方和南方，到处都有鳄。没准儿由于它分布的广泛，到处都给人们留下深刻的印象，所以就普遍产生了"龙的传人"的观念。

"龙"啊"龙"，神秘的"龙"。

除了凶猛的鳄，一些地方还把别的动物当成"龙"。

同样可怕的大蟒蛇就是其中之一。还有的地方把马当成"龙"。

在四川三星堆遗址里，还发掘出一个有趣的雕塑。一只长着两只弯弯的角的岩羊，背后拖着一根长长的龙尾巴。前面看是岩羊，后面看就是"龙"。

咦，这是怎么一回事儿？为什么性格温和的岩羊

三星堆博物馆青铜爬龙柱形器

也变成了一条"龙"？原来这和古代蜀族的生活环境有关系。他们的祖先生活在高耸的岷山里，常常瞧见一只只岩羊在悬崖绝壁上跳跃如飞，使人非常羡慕，就把它也当作是"龙"了。在这个遗址里，甚至还有一只翘着猪嘴巴的"猪龙"呢。古代小说里描写"猪婆龙"，说的就是这种特殊的"猪龙"吧。

噢，明白了。我们所说的龙，原来是一种根本就不存在的图腾龙。我们的祖先崇拜各种各样的神秘动物，把它们统统当成是"龙"，所以就自称为"龙的传人"了。

龙形的变化

龙的外形不是一成不变的，不是一开始就是今天我们看见的这个样子。

它最早是什么样子？

以濮阳那只最原始的"龙"来说，大脑袋、鼓眼睛，伸出比较长的吻，吐出没有分叉的舌头。从脖子到肚子像"S"形起伏。四只脚撑着身子，有锋利的爪子，背脊上有突出的棘刺。从头到尾只有 1.78 米长，还比不上姚明的身高。

往后随着人们的想象，它的变化就越来越明显了。

拿它的脑袋来说吧。

夏、商、周时期的"龙"脑袋是方的，很少有花里胡哨的附着物，只是商代才出现了柱子一样的角。春秋末期，角变长了。战国时期脑袋变扁了。汉代出现了胡子，南北朝时期有了"头发"，隋唐时期角分叉了。宋代的龙角分叉更加明显，长得好像是鹿角，别的"装饰"也越来越多了，脖子上还披着马鬃似的"髦"。最后到了明代，嘴巴也伸长了。

拿它的身子来说。

从夏代到春秋时期，身子变得越来越粗，尾巴变得越来越细。从战国到五代，肚子逐渐变得鼓起。到了宋代，身子已经变得又弯又长。商代的"龙"只有三个爪子，宋代有四个爪子，明代就有五个爪子了。

夏代的有背鳍，商代的像蛇皮，汉代的有了鳞甲和腹甲。到了唐宋时期，龙鳞就越来越细密整齐了。五代时期还出现了尾鳍。

噢，原来我们今天看见的"龙"的形状，是随着时间发展，一步步变化而来的。

凤凰和麒麟

古代当作是吉祥动物的凤凰和麒麟，也是想象中的动物。凤凰形象应来自孔雀，麒麟的形象应来自长颈鹿，孔雀和长颈鹿都是今天动物园里的老住户。

故事会

孔甲吃"龙肉"

信不信由你，传说在尧舜时代真的有"龙"，还有一个叫豢龙氏的养"龙"的部落。

信不信由你，传说夏朝有一个叫孔甲的国王在位的时候，天上忽然掉下两条"龙"。他就找到这个部落，派一个人来帮他养"龙"。没有多久，其中一条"龙"死了。养"龙"的人把"龙肉"做成一道菜给孔甲吃，也不说是什么东西。孔甲觉得味道不错，叫他接着再弄些来吃。这位大师傅抓瞎了，只好卷起铺盖卷儿溜掉了。

这个故事是不是真的呢？如果真有这回事儿，没准儿是鳄吧。养"龙"不行，饲养鳄还是可以的嘛。那个豢龙氏在中原地区，透露了古时候北方也有鳄的珍贵信息。鳄在当时很普遍，现在可是濒临灭绝的保护动物。谁再像孔甲一样吃"龙肉"，那就犯法了。

第二十章
鳄鱼的祖先

名称：原鳄

地质时代：侏罗纪早期

名称：狂齿鳄

地质时代：三叠纪至侏罗纪

凶猛的鳄鱼生活在水边，是浅水河、湖里的无敌大霸王，谁也不敢招惹它。

俗话说：龙生龙，凤生凤，耗子生儿打地洞。人们想，这么厉害的鳄鱼，必定也是将门虎子。它的祖先想必也是威风凛凛，自古以来就是一方的霸主。

唉，你想错了，鳄鱼的

侏罗纪鳄鱼化石

祖先未必都这样威风。就像几百年前"湖广填四川"，我们的客家老祖宗，扶老携幼，吭哧吭哧挑着担子，翻山越岭而来，统统是最最贫苦的农民一样。

我永远尊敬农民，因为那是自己的祖先。没有农民，哪有自己。说我们是"龙的传人"，不如说是"农的传人"。随时想一想身从何处来，就明白了这个道理。爱鳄鱼的"鳄迷"，也应该尊敬它的祖先，不管它是什么样子。

翻开鳄鱼的家谱，它的最、最、最早的祖先是原鳄。听着这个名字就可以猜想到，这是最、最、最早的原始鳄鱼，所以才这么称呼它。

唉，这位鳄鱼的老祖宗一点儿也不怎么样，压根儿就配不上"显赫""威风""凶狠""霸王"这些字眼。

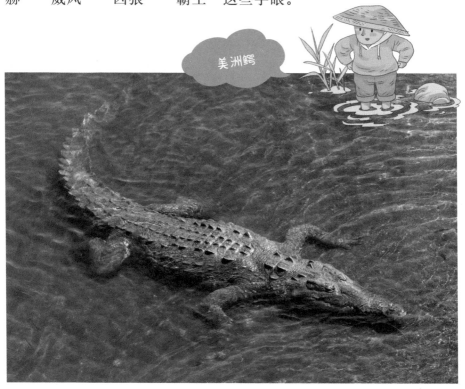

美洲鳄

瞧吧，美国研究人员在亚利桑那州 1.9 亿年前的侏罗纪早期的岩层里，发现了一只原鳄。它全身只有 1 米长，实在不太上眼。四只脚比现在的鳄鱼细长得多，用来快速奔跑，躲避当时真正的霸王——恐龙，也有利于追赶捕捉更小的像蜥蜴那样的倒霉鬼。

再仔细一看，有的原鳄的后腿比前腿长，也比较粗一些。很可能这是从某种两脚行走的低等爬行动物演化来的原因。

咱们云南禄丰也发现过同时代的原鳄，长只有 2.1 厘米，还不如一条小鱼呢。

信不信由你，这就是今天浅水霸王鳄鱼的老祖宗。唉，那时候的原鳄真是生不逢时。陆地岸边挤满了爬行动物，寻找食物十分困难。刚出世的原鳄在陆地上混了一阵子，没法和别的动物竞争，只好把目光转向水里。那儿食物丰富，没有别的竞争者，倒是一个十分理想的生活环境。于是它们就毫不犹豫地下水了，揭开了鳄鱼历史的新篇章。

其实，最先下水的是更早的狂齿鳄，可能是鳄鱼家族的另一支吧。

狂齿鳄的个儿大得多，整个身子有 3 米多长，和今天的鳄鱼差不多了。它的四肢非常粗壮，生活在水里，也时不时爬上岸活动一下。

仔细看，它的模样似乎和今天的鳄鱼有些相像。全身披满骨质的甲片，活像是大将军的铠甲。伸着长长的嘴，长满尖牙利齿，可以尽情撕咬猎物，性情非常贪婪粗暴。它常常全身泡在水里，只露出扁平脑袋上的鼻孔和眼睛，呼吸空气，并观察周围的情况。猛一看，它和现代鳄鱼似乎没有什么不同，却不知道什么原因，在中生代末期的第四次生物大灭绝中，几乎完全灭绝了。

我们讲完了鳄鱼的家史。你从原鳄和狂齿鳄的故事中得到了什么启发?

　　你看，原鳄出现得比狂齿鳄还晚些，却那么不像样子。最后不得不回到水里，寻找新的出路，可见生活环境非常重要。原鳄的故事，就是一个失败的例子。从水里到陆地，最后不得不回到水里，这是何必呢?

　　狂齿鳄已经有一些今天鳄鱼的影子了，可惜绝大多数都在一次全球生物大灭绝中消失了。没准儿留下很少"漏网之鳄"，才在新的适宜的环境里，一步步逐渐发展，终于成就了今天的鳄鱼霸业。

第二十一章
天空中的第一只鸟

名称：始祖鸟

地质时代：侏罗纪晚期

远古时期的天空是寂静的。当昙花一现的原始蜻蜓消失后，不可一世的翼龙也奄奄一息，即将退出辽阔的蓝天舞台。谁能代替它们成为新一代的天空主人？

是呀！是呀！当海洋中充满了各种各样的鱼儿和其他动物，一些动物爬行到陆地上后，建立了轰轰烈烈的恐龙王朝。天空依旧是寂静的，只有无知的风儿和云朵在空中游戏，几乎没有更多的生命气息。

1.4亿年前的侏罗纪晚期，在今天的德国南部巴伐利亚地区，忽然有一个黑影掠过了低空，展开翅膀飞起来。这不是云，也不是风沙和雾气，而是一只动作非常笨拙的鸟儿。

哎呀！一个新生命终于征服了天空，打破了亿万年的长空沉寂，创造了一个了不起的奇迹。

始祖鸟

它是谁？

这就是我们要说的始祖鸟哇！

在它飞起的地方，今天"欧洲的脊梁"——阿尔卑斯山脉北麓的德国巴伐利亚黑森林，当时是一个海湾。海上波涛汹涌，浮游着许多鱼儿；岸边长满了高大的苏铁树和灌木丛。凶猛的恐龙还没有完全退出历史舞台，还趾高气扬地在林中和林外散步。大地和海上充满了形形色色的生命，不免显得有些拥挤。只有头顶无边无垠的天空还是一派空荡荡的景象，还在等待着自己的新主人。

是的，这时候天上还有古老的翼龙在飞翔。可是，这种体形巨大的家伙，动作非常笨拙，只能依靠前肢上的皮膜使劲扑打，掠过比树丛高不了多少的低空，压根儿就别想飞得更高、更远。面对广袤无边的整个天空，它显得有些力不从心，因为翼龙还不是真正的天空主宰者。

是呀，翼龙已经接近灭绝，不过是一个没落的贵族而已。

新生命！

新生命！

比海洋更加深邃，比陆地更加广阔的天空，充满了激情，在呼唤新的生命元素，代替"低空轰炸机"翼龙的新主人。

这时候，始祖鸟应运而生。它的动作更加灵活，崭新的羽毛代替了过时的皮膜，身子也变得更轻。所有的一切全都符合飞行的要求，它开启了一个新的飞行王朝。

要想冲上蓝天，身子就不能太沉重。

始祖鸟的个子不大，和现在的野鸡、乌鸦差不多。

要想飞得更高，就得有一对好翅膀。

始祖鸟有一对大翅膀、一条长尾巴，足可担当这个任务了。

天空只不过是表演的舞台。所有的飞行演员飞累了，都得落下来歇息。下面莽莽苍苍的大森林，就是最好的休息场所。

从空中落在树上，怎么才能稳住身子呢？

有趣的是，始祖鸟的翅膀上，还有两只锋利的前爪，可以紧紧攀住树枝，也可以用来捕捉猎物。

咦，它怎么有一对这样的爪子？原来它是从爬行动物演化而来的。这对尖尖的爪子，就是爬行动物的遗传特征。

再一看，它的嘴巴里还有细小的牙齿，这也是爬行动物的遗传基因。牙齿可用来咀嚼小昆虫和别的食物。

它的个子不大，大约相当于现代的野鸡，飞行能力也和野鸡差不多。

始祖鸟就这样飞上天了，算是比恐龙家族的翼龙更加符合要求的飞行员。不过话又说回来，它毕竟是飞鸟航校草创阶段第一期毕业的学生，飞行技术还不是太高明，不如后来精益求精的小师弟，不能像老鹰似的在高空自由盘旋，也没法像燕子那样掠地疾飞。说起来很可笑，它只能在森林的树枝之间，或者草地上短距离滑翔，是一个本领还不太过关的滑翔运动员。

请记住，这还是血淋淋撕咬的恐龙时代。为了觅食和躲避敌害，始祖鸟一次次鼓起翅膀飞起来，在林中十分笨拙地飞行着，不断地提高飞行本领。

朋友们，请别看不起它。不管怎么说，它毕竟硬扇着翅膀飞了起来，是发现天空的哥伦布，开启了一个鸟儿王朝的新时代。

朋友们，请鼓励它。俗话说，笨鸟先飞，看来这就是冲着它说的。没有这样充满雄心壮志的笨鸟，哪有后来百鸟飞翔的时代？

朋友们，请为它欢呼。就是这只笨鸟勇敢飞上蓝天，终于为无数鸟儿打开了通向辽阔天空的大门。

小知识

关于始祖鸟的种种说法

"始祖鸟"到底是怎么来的？

这个名字是从古希腊文来的，意思是"古代羽毛"或者"古代翅膀"。德文名字的意思是"原鸟"。它还有一个名字叫作古翼鸟。

那它又是如何进化来的呢？

有人说，它是由恐龙进化而成的，是一种特殊的恐龙，属于虚骨龙家族，是爬行动物到鸟类的中间过渡类型。

请注意"羽毛"和"翅膀"两个词，这都是从前翼龙没有的先进"配件"。有了这样的装备，就能更好地飞行了。

巴伐利亚发现的始祖鸟还不算最早的鸟类。我国发现的"孔子鸟"和"辽宁鸟"，才是鸟类最早的老祖宗。